KB073888

물리학사

P. 게디에 지음
노봉환 옮김

전파과학사

차례

4장 19세기 초엽(1800~1825)

5장 패러데이에서 맥스웰까지(1835~1880)

6장 19세기 말(1880~1900)

7장 20세기(1900~1972)

1장
기원
(그리스 시대에서 르네상스까지)

1. 최초의 사람들

물리학이 어느 때 시작되었는지 정확한 날짜를 알아보기란 어려운 일이다. 고대에 관한 문헌이 극히 드물고 불충분하며 또 판독이 어렵기 때문에 알려진 바가 많지 않다. 오랜 세월을 두고 뜻있는 사람들이 자연의 문제에 관하여 깊은 사색을 해온 것은 사실이나 그들이 어떻게 관찰했으며, 어떤 결론을 얻었는지는 남겨진 것이 아무것도 없다. 그러나 한편 이러한 오랜 옛날의 유치한 관찰을 과연 물리학이라 할 수 있는지도 문제이다.

칼데아(Chaldea) 사람들은 계산법을 발명했으며, 재미있는 천문학적 관측을 했으나 엄밀한 의미에서 물리학을 했다고 하기 어렵다. 이집트 사람들도 마찬가지이다. 반대로 중국 사람들은 이 분야에서 일찍부터 두각을 나타내었으나, 불행하게도 그들의 지식을 발전시킬 필요성을 느끼지 않았고, 게다가 오랫동안 고립되어 있었기 때문에 유럽에 전달되는 것이 어려웠다. 그들은 나침판을 알고 있었다. 서기 121년 발행된 중국사전에서 이것이 언급되었으며, 중국 사람들이 이미 옛날부터 알고 있었던 것으로 적혀 있다. 그들은 나침반을 항해에 이용했을 뿐만 아니라 그들의 넓은 영토를 여행하는 데도 사용했다. 황제들은 이러한 효과를 〈자석 달구지〉로 만들어 이용했다. 그 달구지에는 움직일 수 있는 자그마한 인형이 있어, 팔에 막대자석을 넣어 항상 남쪽을 가리키게 했다. 그 제작법은 몇몇 선구자의 비법이 되었다.

2. 그리스 시대: 방법

이런 어림짐작을 거친 뒤에 〈그리스의 기적〉으로 돌연히 문화의 꽃이 피었다. 그리스 사람들은 문학, 철학, 건축, 기하학 등 많은 분야에서 획기적인 작품들을 만들어 앞서 볼 수 없는 발전을 했으며, 그리스는 고대의 위대한 지적 중심이 되었다. 사실 그리스 사람들은 흔치 않은 재능, 특히 미적 감각과 추리력의 소양을 겸비했으며, 날카롭고 깊이 파헤치며, 비판적인 정신을 갖고 있었기에 그러한 분야에서 빛난 것은 당연하다고 볼 수 있다.

그들은 물리학에도 커다란 업적을 남겼다. 최초의 법칙을 발표하고 최초의 이론을 치밀하게 구상함으로써 하나의 길을 터놓았다. 그러나 《일리아드(Iliad)》나 파르테논(Parthenon)이나 에우클레이데스의 기하학과 같은 완벽성에 단번에 도달하기에는 너무나 멀었고, 지식도 한정되었고, 이론도 알쏭달쏭했다. 어째서 이렇게 뚜렷한 불균형이 있었을까? 사태의 특성을 올바른 위치에 놓고 볼 수 있는 뛰어난 정신의 소유자가 어째서 자연현상의 모든 법칙을 더 잘 이끌어내는 지식을 갖지 않았는지? 그것은 그러한 포괄적인 분별력에도 한 가지 본질이 결여됐기 때문이었다. 즉 실험에 대한 이해가 없었고, 자연현상을 상당히 깊은 통찰력으로 살펴보는 분별력을 가졌으나 경험의 필요성을 무시했으며, 그러한 결함 때문에 물리학이 발전할 수 없었던 것이다. 추론만을 좋아했기 때문에 고립된 몇 가지 사실의 관측만으로는 한 이론을 정교하게 가다듬기에 불충분함을 이해하지 못했고, 무턱대고 지각적인 해결을 하려고 했다. 이러한 불완전한 방법이 헛수고였음은 얻어진 결과로 상세하게 판단할 수 있다. 여러 현상(빛, 전기, 자기)의 본질의 발판이 되는 다양한 이론이 때때로 부조리를 드러냈다. 어느 것은 현재의 이론에 가까운 내용임을 알 수 있다. 그러나 이론의 소유자들은 천부의 직관력을 타고난 선구자라고 보고 있으며, 원자론의 경우가 바로 그것이다. 그러나 이것을 지나치게 평가해서는 안 될 것이다. 원자론자들은 요행히 올바른 결론을 얻는 기호를 가졌을 뿐이며, 당시의 지식으로는 몇 가지 가능한 가설 중에서 타당한 것을 골라낸다는 것은 불가능했다. 확고한 논증 없는 사색인 그리스의 원자론을 큰 과학적 가치를 갖지 못했다.

3. 그리스 시대: 여러 학파

대부분의 학문의 중심이 철학자들로 구성되었다는 한 가지 사실만으로도 그리스의 물리학자들이 얼마나 형이상학에 의존하려고 했는지를 알 수 있다. 최초의 중심은 이오니아(Ionia)였다. 이 지방 사람들은 지리적인 상황 때문에 일찍부터 항해와 무역에 종사했고, 그 덕분에 점차 칼데아 사람들과 이집트 사람들의 지식을 받아들일 수 있었다. 이오니아 사람들은 몇 가지 커다란 문제에 도전할 수 있었다. 그들 중에서 가장 뛰어난 사람은 탈레스(Thales, B.C. 640~548)였다. 그는 그리스의 7현인 중 한 사람이었으며, 밀레토스(Miletus)학파를 창립하고, 과학 전반에 관심을 기울였다. 이어서 이오니아의 피타고라스(Pythagoras, B.C. 6세기)는 크로톤(Kroton)에 새로운 학파를 세우고 수의 신비로운 이론을 주로 다루는 과학협회를 만들려고 했다. 다음은 아브데라(Abdera)학파이며 레우키포스(Leukipos, B.C. 450)와 데모크리토스(Democritos, B.C. 약 380)가 최초의 원자론을 완성했다(B.C. 5세기). 다음 차례로는 아테네가 등장한다. 플라톤(Platon, B.C. 429~347)은 그의 아카데미에서 철학만으로 만족하지 않고, 기하학과 물리학을 가르쳤다. 그의 제자인 아리스토텔레스(Aristoteles, B.C. 384~322)는 그에게서 떨어져 나와 경쟁적인 리세(Lycee)학파를 세우고, 그 역시 거의 모든 분야의 학식을 연구했다. 그는 관찰에 가장 큰 중요성을 부여하고 마찬가지로 자그마한 실험들에 몰두했으나, 역시 과학에 매우 알쏭달쏭한 형이상학이 스며들게 했다. 알렉산드로스(Alexandros, B.C. 356~323) 대왕이 죽고, 그의 제국이 붕괴한 다음 헬레니즘 문화는 새로운 수도 알렉산드리아(Alexandria)를 찾게 되었다. 그곳에서는 군주들이 학자를 후원했기 때문에 문명이 그곳에서 오랫동안 매우 찬란하게 빛났다. 에우클레이데스(Eukleides, B.C. 330~270)가 일세를 풍미한 것도 이곳이었고, 그리스의 가장 위대한 물리학자 아르키메데스(Archimedes, B.C. 287~212)도 이곳에서 성장했다. 그는 후에 시라쿠사(Syracusa)에 가서 여러 발견을 했다. 이 알렉산드리아 학파는 서기 2세기 때의 헤론(Heron)이나 프톨레마이오스(Ptolemaios, 127~151)와 같은 몇몇 위인들로 유명해졌지만, 얼마 후 쇠퇴하고 그리스 최상의 영광은 끝났다.

4. 그리스 시대: 업적

그리스 사람들이 연구한 것은 무엇보다도 광학이었다. 게다가 그들은 물리학보다는 기하학과 철학을 연구했다. 기하학에서는 우선 빛의 직진성과 반사가 해명되었다. 에우클레이데스는 『광학(Optique)』을 저술했으며, 이것은 주로 투시도를 해설한 것이었다. 그리고 철학에서는 빛의 본성을 연구하는 데 열중했고 무한정한 논의를 계속했다. 피타고라스는 눈에서 광선이 나오고 그것이 물체를 느끼게 한다고 믿었다. 즉 시각을 일종의 촉각이라고 생각했다. 이와는 반대로 데모크리토스와 아리스토텔레스는 밝은 물체로부터 광선이 나온다고 했다. 이 첫 번째 가설로는 어째서 밤에는 보이지 않는지를 잘 설명할 수 없었다. 플라톤은 이 두 관점의 절충을 시도했으며, 눈에서 나온 광선과 물체에서 나온 광선이 만났을 때 시각이 생긴다고 설명했다. 이 모든 것은 어느 것도 결정적이지 못했다. 그리스 사람들의 광학에 관한 지식은 확실히 불충분했기 때문에 빛의 본성에 관한 정확한 견해를 가질 수 없었다. 왜냐하면 그들이 자세하게 연구한 반사의 문제를 제외하고 무엇을 옳게 알고 있었단 말인가? 굴절에 관해서 알고는 있었으나 굴절법칙에 관한 지식은 없었다. 그들의 광학기구는 금속평면경(주석, 청동, 특히 은)에 불과했다. 여기 아주 유명한 이야기가 하나 있다. 아르키메데스가 강렬한 거울의 반사를 이용해서 시라쿠사를 포위 공격하는 로마의 함대를 불태워버렸다는 것이다. 그러나 이 일화는 정당성을 확인할 필요가 있으며, 그 이야기가 정확하다 하더라도 그리스 사람들이 오목거울의 지식을 가졌다고 확인할 수는 없겠다. 오히려 매우 많은 평면경을 적당하게 모아놓은 것 같다.

음향학은 주로 피타고라스가 연구했다. 남겨진 이야기로는 그가 대장간 앞을 지났을 때 쇠망치가 5도 음정, 4도 음정, 8도 음정을 때리는 것을 들었다는 것이다. 이렇게 해서 그는 음정의 연구에 착수했다. 그는 『악전(Canon Musical)』을 저술하여 주 음정을 정확히 했으며, 완전화음을 발견했고, 또 불협화음이 있다는 것을 지적했다. 그는 이러한 것을 천문학과 철학의 기초로 삼으려 했으며, 여러 별들은 기본음절에 해당하는 거리에 있다고 생각했다. 수가 우주를 지배한다는 데 만족하지 않고 마침내 수야말로 유일한 실재라고 생각했다. 이것은 확실히 좀 지나친 일이었다.

전기(電氣)에 관한 그리스 사람들의 지식은 특히 간략한 것이었다. 일설에 의하면 탈레스는 마찰한 호박이 가벼운 물체를 당기는 것을 발견했다고 한다. 그 뒤 20세기가 지나는 동안 이에 관해서 더 이상 아는 것이 없었다.

자기(磁氣)에 관해서는 거의 진전이 없었다. 그들은 나침판과 인공자석을 알지 못했으며, 다만 한 가지 종류의 자성(磁性)을 가진 돌로 이루어진 자연의 자석이 쇠붙이를 끌 수 있다는 것을 알았을 뿐이었다. 전설에 의하면 이 돌은 마그네스(Magnès)라는 어느 순박한 목동이 발견했다고 한다. 그는 양떼를 몰면서 어느 곳에 오니까 걷는 것이 거북할 만큼 징을 박은 그의 신발과 지방이가 땅에 달라붙는 것 같아서, 그곳의 땅을 파니까 이 유명한 자석이 나왔다고 한다. 자석의 힘에 경탄한 그리스 사람들 사이에서 괴상한 이야기가 많이 오갔으나, 전기에 대해서와 같이 아무런 실험도 해보지 않았고, 반대로 이 현상을 설명하기 위해서 마음껏 즐겼다. 즉 탈레스, 데모크리토스, 플라톤, 또 그 밖의 사람들은 복잡한 이론을 가다듬기 위해서 상상을 겨루었던 것이다.

그리스 사람들은 또 천지의 구성에 관한 원리를 찾으려고 노력했다. 이오니아 사람들은 단 하나의 원소가 만물의 기본이며, 그것이 여러 가지로 변해서 우리가 알고 있는 모든 물질이 된다고 믿었다. 탈레스에게는 그것이 물이고, 아낙시메네스(Anaximenes, B.C. 약 611~546)는 공기, 헤라클레이토스(Herakleitos, B.C. 약 540~475)는 불이었다. 그 후 이것이 불만족하다는 것을 알게 되어, 엠페도클레스(Empedokles, B.C. 490~430)는 보편적인 4원소로서 물, 공기, 흙, 불을 채택했고, 아리스토텔레스는 이 견해를 수세기 동안 확고부동하게 했다. 한편 류키포스와 데모크리토스는 물질은 더 분할할 수 없고 파괴할 수 없는 작은 입자, 즉 원자가 무수히 모여서 이루어진 것이라고 생각했다. 원자의 축적 또는 흩어짐으로써 물체의 밀도를 설명했고, 원자가 모이는 방법에 따라 여러 물질이 만들어지고, 그들의 상호작용에 따라 여러 물리적 성질이 정해진다고 했다. 가령 열 자체도 원자가 매우 움직이기 쉬워서 항상 물체에서 도망간다고 생각했다. 덧붙여 말하지만 이 먼 옛날의 선구자의 원자와 20세기의 원자 사이에는 별 공통점이 없다.

끝으로 역학은 한 사람의 천재 덕분에 어느 정도 성공을 거두었다. 그는 아르키메데스였으며, 당시의 다른 사람들과는 달리 실험법을 실천할 줄 알았다. 그는 지렛대의 평형법칙을 제안했고, 이 내용의 중요성을 「나에게 적당한 받침점만 준다면 지구를 들어 올려보겠다」라는 유명한 문구로 나타내었다. 또 중심의 이론을 이끌어내어서 몇몇 특별한 경우에서 그 위치를 정할 수도 있었다. 그 밖에도 부력을 발견함으로써 유체정역학에도 처음으로 손대었으며 그의 명성을 가리기 위하여 그의 이름이 붙여졌다. 우리는 그가 목욕탕에서 나올 때 이 부력을 발견하고 기쁨에 넘쳐 「**유레카!**(Eureka)」라고 소리를 질렀다는 일화를 알고 있다. 그는 여러 발명의 주인공이기도 했다. 가령 겹도르래, 무한나선, 아르키메데스의 나선이 그렇고 액체 비중계도 마찬가지다. 끝으로 그는 로마군에 포위된 시라쿠사를 방어하기 위하여 여러 기계와 매우 교묘한 장치를 고안했다. 이 때문에 이 도시의 함락이 늦추어졌다. 그러나 막을 수는 없었고, 약탈이 진행될 때 한 병사에 의해서 학살되었다.

아르키메데스 이후 그리스에는 또 유능한 기계학자가 서넛 있었다. 그 중 다음 두 사람은 특히 인용할만하다. 크테시비우스(Ctesibius)는 밀펌프를 발명했고, 물시계를 완성했다. 헤론은 특히 처음으로 수증기의 원동력을 이용한 **취관**이 붙은 작은 반동회전 장치를 발명했다. 그러나 하나의 장난감에 불과했으며, 현재의 증기기관의 먼 조상에 지나지 않는다.

결론적으로 물리학은 그리스 시대에 명예스러운 첫발을 내딛었으며, 여러 분야에서 과학의 첫 기틀들을 마련했다. 그러나 형이상학 때문에 비뚤어져서 모든 것이 아직도 막연하고 부정확했다. 또한 처음으로 걸음마 상태에 도달했을 뿐인 이 과학에는 많은 발전의 여지가 남아 있었다.

5. 로마 사람들

로마 사람들은 군대의 패권을 확보한 다음 그리스 문화에 동화하려고 노력했다. 그러나 모든 것에 실리주의를 앞세워 바로 응용하기를 원했고, 이해관계를 떠난 사색에는 거의 관심을 나타내지 않았다. 과학은 그들의 강점이 아니었던 것이다. 그들에게서는 이렇다 할 수학자도 천문학자도 물리학자도 찾아볼 수 없다. 그들에게는 기술만이 관심을 둘 값어치가 있는 것이었다. 물리학에 좀 가까운 유일한 저술은 비트루비우스(Marcus Vitruvius Pollio, B.C. 70경 탄생)가 쓴 기술 백과사전뿐이었고, 주로 건축학에 언급하고 있으나, 그 당시 응용물리학의 지식을 알려준다. 순수물리학에 관해서는 **아무런** 진전도 이루지 못했다. 극히 드문 문필가가 약간의 관심을 보였을 뿐이었다. 루크레티우스(Titus Lucretius Carus, B.C. 약 95~55)는 원자가 군림하는 우주계를 치밀하게 구상했으나 불행하게도 근거 없는 단언의 연속의 불과했다. 세네카(Lucius Annaeus Seneca, B.C. 약 4~A.D. 65)는 무지개를 태양의 길쭉한 영상이 속이 비고 습한 구름에 의해서 반사된 것으로 보았다. 마지막으로 플리니우스(Gaius Plinius Secundus, 23~79)는 끈기 있는 편찬자였으나 비판력이 없었고, 흥미 있는 자상한 설명과 사실 같지 않은 많은 전설을 뒤죽박죽 섞어 놓았다. 이렇게 모든 것이 그다지 훌륭한 것이 아니었다.

6. 아랍 사람들

7세기에 아랍 사람들은 유럽에까지 침입했다. 이들 정복자에게는 지적인 사색이 공연한 것이었다. 640년 알렉산드리아를 약탈했을 때 그들은 이 도시에 아카데미를 해산하고 많은 장서를 불태워버렸다.

8세기부터 그들의 광대한 제국이 건설되어 안정되자 아랍 사람들은 스스로 교양을 갖출 것을 생각하고 특히 과학과 예술에 관심을 많이 보였다. 그러나 이 변화가 대중에게서 나타난 것이 아니었다. 어떤 선량이나 궁중에 모인 소수의 특출한 인물들 사이에서 볼 수 있었을 뿐이었다. 이런 문화의 발달은 견문과 학식이 있는 아랍 제국의 왕들이 권력의 자리를 차지했기에 가능했다. 그들은 외국학자를 초빙하고, 그리스의 여러 저서를 아랍어로 번역시키고, 또 학교와 도서관을 세웠다. 바그다드(Bagdad)는 세계의 정신적인 수도가 되었으며, 알렉산드리아가 몰락한 후 비어 있는 자리를 대신 차지했다.

그러나 아랍 제왕들의 노력과 학자들의 열성에도 불구하고, 아랍 사람은 과학에 극히 적은 기여를 했을 뿐이다. 군주의 단순한 명령 하나로 물리학자를 즉석에서 만들어낼 수는 없었다. 고대 그리스와 로마의 저작을 번역하고, 아리스토텔레스를 논하며 많은 것을 행했으나 그들 자신은 아무것도 창조할 수 없었다. 그들은 주로 중계 역할을 한 것이며, 유럽에 아시아에서 발견한 것(특히 나침반)을 알려주었고, 그리스의 유산을 전달했다. 이 역할은 평가받을만하나 정확하게 말해서 아랍은 과학을 갖지 있지 않았다고 말할 수 있다.

물리학에서 약간의 진전을 본 유일한 분야는 광학(光學)이었다. 알하젠(Alhazen, 11세기)은 그에 관한 광대한 저술을 했으며, 특히 눈을 설명하는 데 기여했고 겹겹으로 된 영역과 각

피막의 기능을 밝혔다. 그러나 시각의 가장 본질적인 기능이 수정체에 있다고 보고, 망막의 역할을 전적으로 무시했다.

아랍 사람들에 대해서 주목할 만한 것은 이것이 전부였고, 물리학은 아직도 제자리걸음을 하고 있었다.

7. 중세

이 시기에 유럽에서는 과학의 발달이 전적으로 중단되었다. 이것은 별로 놀라울 일이 아니었고 앞서 본 바와 같이 로마 문명은 실용성만을 강조하고 과학이 존재할 자리를 남겨 놓지 않았다. 야만 유목민 출신들에게는 사물을 잘 정리한다는 것이 분명한 것이 아니었다. 프랑크족(France), 위지고트족(Wisigoths), 부르군트족(Burgondes)은 광학이나 자기 따위에는 전혀 무관심했다. 이 사람들이 생활을 안정시키고, 개화되고 종국에 과학적 정신을 터득하게 되기까지 수세기가 필요했음은 짐작할만하다.

10세기쯤에야 과학은 극히 미미하나마 그 자리를 되찾기 시작했다. 젊은이들은 코르도바(Cordoue)의 아랍 대학에 가서 고대 그리스와 로마 사람들의 유업(儒業)을 공부하고 학문연구의 교양을 지니고 돌아갔었다. 수도원 안에서 몇몇 수도사는 때때로 어떤 실험에 몰두했다. 제르베르(Gerbert, 약 940~1000)라는 오리야크(Aurillac)의 한 수도사는 랭스(Reims)의 성당 안에서 증기 오르간을 만들고, 또 여러 수압기계와 모종의 계산판을 발명했다. 그는 999년 교황에 선임되어 그리스도교계, 특히 수도원에서 과학적 정신을 발전시키는 데 기여할 수 있었다. 그러나 야만인이 하루아침에 학자의 세계로 옮길 수는 없는 노릇이었고, 물리학은 역시 오랫동안 제자리걸음을 했다.

13세기부터 물리학은 다시 발전을 시작했다. 몇몇 군주들은 문예·학술의 옹호자로 처신할 줄 알았기 때문에 각처에 대학이 나타났고 이것은 이 시기의 본질적인 혁신을 이루었다. 우선 1200년경 파리에 대학이 생기고 급속도로 융성했으며, 뒤이어 다른 곳에도 나타났다. 프랑스에서는 몽펠리에(Montpellier), 영국에서는 옥스퍼드(Oxford)와 케임브리지(Cambridge), 이탈리아에서는 나폴리, 볼로냐, 파도바(Naples, Bologne, Padoue), 에스파니아에서는 살라망카(Salamanque) 등이었다. 14세기가 되어서는 프라하(Prague), 빈(Vienne), 하이델베르크(Heidelberg)에도 대학이 생겼다.

이 시기에는 일반적으로 모든 과학에 관심을 기울이고, 광범위한 백과전서를 기술한 몇몇 학자들이 눈에 띄기 시작한다. 먼저 독일의 성 도미니크 교파의 성직자 알베르투스 마그누스(Albertus Magnus, 1193~1280)가 있었다. 그는 아리스토텔레스의 저작내용을 보급했기에 〈새로운 아리스토텔레스〉라 불렸고, 거대한 영향을 끼쳤다. 다음에는 영국의 유명한 성직자 로저 베이컨(Roger Bacon, 1214~1294)이 있었다. 속칭 〈경이박사(驚異博士)〉로 존경받은 그는 오목거울의 노(爐)를 발견했으며, 포물변경의 제작법을 기안하고, 어둠상자의 원리를 발견했으며, 시각(視覺)의 기구를 연구했다. 그는 박식한 사람이었으며 철학자인 동시에 연금술사였다. 비행기를 꿈꾸기도 하고, 또 율리우스력의 결함을 인정하고 바꿀 것을 권했으나 헛일이었다. 또 색슨(Saxon)의 성직자 테오도릭(Théodoric, 14세기)은 처음으로 무지개의 원인을 훌륭하게 설명했고, 공중에 떠있는 물방울의 역할을 이해했다. 또 이탈리아 추기경 니콜라우스 쿠자누스(Nicolaus Cusanus, 1401~1464)는 공기의 밀도를 언급했고 또 강이나 호수의 깊이를 빨리 알아낼 수 있는 교묘한 장치인 측심기를 발명했다.

그러나 이 시기에는 아직도 위대한 이름이 드물었다. 그렇다고 기술의 발달에 무명으로 종사한 여러 장인들을 잊어서는 안 된다. 주석을 도금한 거울을 발견했고, 방탈장치가 붙은 거대한 시계를 대도시에 장식했으며(14세기에 발명) 안경을 발명해서(13세기 말) 우선 모자에 붙였으나 후에 가서 코에 걸게 되었다.

나침반이 유럽에 전달된 것은 틀림없이 12세기경이었으나, 이탈리아의 선원 플라비오 지오야(Flavio Gioja)가 실용적인 장치로 채택하려면 14세기까지 기다려야 했다. 드디어 15세기에는 항해가들이 세계탐험에 뛰어들 수 있었다. 지자기편각의 현상과 지리적인 상황에 따라 그것의 변화도 발견했다.

이 시기에 가장 기본이 되는 발명을 회상하며 끝을 맺자. 즉 15세기 초의 인쇄술이다. 이 때문에 물리학의 발전이 다른 분야의 과학과 마찬가지로 매우 용이해졌다.

8. 르네상스

여러 분야, 예를 들면 문학과 회화에서는 그렇게도 다채로웠던 르네상스 시대에 물리학이 극히 빈약했음은 매우 이상하다. 실제로 아무런 위대한 발견도 이루어지지 않았다. 과학 분야의 르네상스는 주로 수학, 천문학 및 해부학에 관한 것이었다. 물리학은 완만한 발전에 만족할 뿐이었다. 물리학에 관한 관심은 점차 널리 퍼져가고 연구도 그러했으며 일대 비약을 이룰 시점에 있었다. 그러나 막상 비약을 하기에는 몇 년을 더 기다려야 했다.

처음에 군림한 것은 놀랄 만큼 박학한 유명한 화가 레오나르도 다빈치(Leonardo da Vinci, 1452~1519)였다. 그는 모세관현상을 발견했고, 공기의 저항을 관측했다. 또 지레와 사면을 연구했고, 동력계를 발명했고, 진동판에 관심을 보였으며 시각의 이론을 개량했다. 또 그는 하늘을 나는 기계의 스케치를 남겨 놓았는데, 일종의 헬리콥터로서 나선형의 프로펠러를 갖고 있어 그의 선견은 감탄할 정도였으며, 전문 화가로서의 재간이 아름답게 총괄된 것이었다.

그 이후에는 주로 광학이 연구되었다. 시칠리아(Sicile) 사람인 모롤리쿠스(Franciscus Maurolycus, 1494~1575)는 수정체의 역할을 파악했고, 이는 단순한 렌즈에 지나지 않으며 지각을 행하는 본질적인 기능은 없다는 것을 알고 있었다. 그리하여 그는 근시와 원시를 근사적으로 설명하고, 동시에 그것을 교정하는 안경도 언급했다. 또 다른 이탈리아 사람 포르타(Glvoanni Battista Porta, 1541~1615)는 『자연마법(Magia Naturalis)』이라는 광대한 백과사전을 저술했고, 잡다한 것을 특필했으며, 일종의 초보적인 온도계도 언급했다. 그러나 이외에 자석으로 처녀성을 알아내는 방법과 같은 많은 괴이한 노작이 함께 적혀있기도 했다.

역학은 매우 무기력하게 진전했다. 이탈리아 수학자 타르탈리아(Niccoló Tartaglia, 1499~1557)는 포물체의 궤도에 관한 기하적 성질을 연구했으나 그다지 성공하지 못했고, 그의 경쟁자인 카르다노(Geronimo Cardano, 1501~1576)는 공기의 저항이 중요하다는 것을 지적했고, 코만디노(Commandino)는 중심에 관한 연구를 했다.

자기에 대해서는 지구상의 여러 지점에서의 지자기편각을 나타내는 도면을 그렸고, 또 지자기경각의 현상도 발견했으며, 이것은 영국의 노먼(Robert Norman, 1560~1584)이 그가 발명한 경사나침반을 써서 연구한 것이었다(1576). 1600년에는 영국인 길버트(William Gilbert, 1540~1603)의 중요한 저작인 『자석에 관하여(De Magnete)』가 출간되었다. 그는 처음으로 지구를 거대한 자석으로 비교했고 여러 새로운 사실을 지적했다. 그는 또 전기적 인력에 관한 몇 가지 성질을 밝혔고, 이것은 탈레스 이래로 아무런 진전도 보지 못했다.

요컨대 르네상스는 극히 미미한 공헌을 한데 불과했으며, 평가표를 만들어 본다면 1600년경의 물리학은 아직도 유년기에 있었다.

2장
갈릴레오에서 뉴턴까지
(17세기)

Ⅰ. 개관

17세기에 이르러 물리학은 마침내 꽃을 피웠다. 연구자의 수는 아직도 적었으나 몇몇 매우 위대한 사람의 이름을 볼 수 있다. 이 시기에는 아직도 전문화를 요구하지 않았고 정면에서 매우 잡다한 문제를 공격할 수 있었으며, 몇몇 위대한 학자들은 광대한 영역을 힘차게 개척하는데 충분한 역량이 있었다. 그들에게는 참으로 경탄할 만한 시기였다. 모든 것이 창조의 손길을 바라고 있었고, 그들은 여러 현상을 발견하고는 그것의 연구를 시작했다. 일반원리를 제안하고 여러 법칙을 만들었다. 새로운 장치를 고안해서 마침내 물리학에 새로운 방법을 도입했다. 황금시대였던 이 풍요한 세기에 잠깐 머물러 살피고자 한다.

1. 새로운 방법

물리학은 이탈리아에서 비약의 길에 올랐다. 그것은 주로 아르키메데스 이래 볼 수 없었던 천재, 피렌체(Florence) 사람인 갈릴레오(Galileo Galilei, 1564~1642) 덕분이었다. 그를 물리학의 시조(始祖)로 볼 수 있고, 그것은 그가 다방면에서 행한 발견이 중요하기 때문만이 아니라 작업의 새로운 방법을 구사할 줄 알고 있었기 때문이다. 현상의 관측을 출발점으로 할 때 실험의 역할을 중요시하고, 특히 그 결과를 정확한 수학법칙으로 표현하기 위해 노력했다. 법칙이 이렇게 정량적으로 표현됨으로써 연구의 방향이 수정되어 물리학이 그때까지는 찾지 못했던 든든한 지반 위에서 출발할 수 있게 되었다.

같은 시기에 낡은 방법이 철학자 프랜시스 베이컨(Francis Bacon, 1561~1626)에 의해서 내던져졌다. 그의 저서 『신기관(Novum Organum)』에서는 실험적 방법을 권장하고 그것을 체계화하도록 노력했다(1602). 데카르트는 순수이성을 강조한 나머지 실험적 방법을 무시하기가 일쑤였고, 그 때문에 허망한 이론에 이끌려가기 쉬웠다. 그에 뒤이어 무미건조한 데카르트 철학은 일시적이나마 프랑스에서의 물리학의 발전을 저지했다. 이탈리아에서는 갈릴레오의 제자들이 반대의 극단으로 빠졌다. 실험 이외에는 알려고 하지도 않았고, 모든 이론과 가설을 배제하는 것이 잘하는 일인 양 믿었다. 그러한 것을 남용하지 않는 조건 속에 학문 발전의 중요한 요소가 들어있다는 것을 그들은 아직도 몰랐다. 올바른 중간책이 영국학파에 특유하게 나타났다. 그들은 실험에 최초의 역할을 부여하면서도 때로는 어떤 이론을 감행하기도 했다.

2. 아카데미의 탄생

이 세기의 초엽에는 물리학자들이 아직도 고립되어 있었다.

특히 프랑스에서는 데카르트(Roné Descartes, 1596~1650), 파스칼(Blaise Pascal, 1623~1662), 페르마(Pierre de Fermat, 1601~1665)의 경우가 그러했다. 이들 세 사람은 물리학의 전문가가 아니었다. 대학은 철학과 신학에만 몰두하기 위해서 과학 연구를 아직도 무시했다. 과학에 열의를 갖는 사람들은 그들의 기능이나 환경 때문에 지방이나 외국에 가서 머물면서 서로 만날 수 있을 뿐이며, 공적 연결을 하는 아카데미도, 정기간행물도 없었다. 그럼에도 학문연구의 추세가 깃들며 끊임없는 서신의 교환이 행해졌고, 거기에 당면한 문제에 관한 견해를 표시하며 그의 업적을 발표하고, 필요하다면 의견을 달리하는 논적을 진정시키기 위해서 제3자가 개입할 때까지 강력하게 서신을 보내며 논쟁했다. 이런 관점에서 볼 때, 메르센(Marin Mersenne, 1588~1648)의 역할을 주목해야 한다. 그는 프랑스나 외국의 여러 학자 사이를 연결하는 매우 유용한 중개인이었으며 항시 그들과 어울렸다.

그러나 여기서 중요한 혁신이 나타났다. 아카데미의 창설이 바로 그것이다. 시기적으로 최초의 아카데미는 피렌체에서 생겼다. 9명의 이탈리아 물리학자들(보첼리, 비비아니 등)이 1657년에 회동했다. 그들 모두가 갈릴레오의 제자였으며, 일련의 작업을 착수하기로 결정했다. 즉 실험에 기초를 두며 모든 형이상학을 제거하는 것이었다. 그들의 학회는 〈**아카데미아 델 치멘토**(Accademia del Cimento)〉라 불리었고 실험아카데미라는 뜻을 지녔다. 절대적인 연대성을 택함으로써 그들은 연구를 공동으로 하고, 그들의 결과를 익명으로 하여 공동으로 동일 저술에 발표했다. 놀랄만한 발견은 하지 못했으나 조직을 만들어 실험한 일은 상당히 의미 깊은 것이었다. 물론 그러한 방법이 당시로서는 아직도 시기상조였다. 피렌체의 아카데미는 1668년 이래 해산되었다. 이것으로 이탈리아에서의 물리학의 황금시대는 종말을 고했다.

거의 같은 시기에 영국에서는 몇몇 귀족들이 물리학을 논의하기 위해서 모이는 습관이 생겼고, 얼마 후 유명한 런던왕립학회(Royal Society)를 조직, 창건했다(1662). 처음에는 아카데미아 델 치멘토의 사례에 따라 공동으로 일을 하기로 결정했으나 이러한 방식은 곧 변경되었고, 학회의 회원들은 일종의 자치제를 실시했다. 보일, 훅(Robert Hooke, 1635~1703), 특히 뉴턴(Isaac Newton, 1642~1727)과 같이 과학사에서 가장 위대한 이름들이 바로 이 학회 출신이다.

이어서 파리에서 식견 높은 장관인 콜베르(Jean Baptiste Colbert, 1619~1683)가 과학아카데미(Académie des Sciences)를 창설했으며(1666), 당시의 프랑스 과학*만이 아니라 프랑스에서 명성이 알려진 외국의 탁월한 전문가, 특히 네덜란드의 하위헌스(Christiaan Huyghens, 1629~1695)도 가입했다. 끝으로 베를린의 아카데미가 생겼고, 이것이 어떤 명성을 얻기까지 상당히 오랫동안 기다려야 했다. 이러한 제도는 물리학의 발달에서 매우 활발한 연구중심을 형성했고, 의견 교환을 쓸모 있게 하고 집단연구라는 특히 효율적인 새로운 방법을 고안해 냄으로써 크게 공헌했다.

---

* 마리오트, 로베르발(Roberval)

3. 정기간행물과 관측소

같은 시기에 최초의 과학간행물이 출현했다. 프랑스에서는 콜베르가 정기간행물 《Journal des Savants》(1665)의 간행을 도왔다. 같은 연도에 런던에서는 《Philosophical Transactions》이 출간되었고, 여기에다 왕립학회의 회원들의 업적을 발표했다. 약간 늦어서 라이프치히에서는 같은 형식의 《Acta eruditorum》이 출현했다.

끝으로 관영관측소의 창설을 주목하자. 파리의 관영관측소는 콜베르가 세웠으며 훌륭한 실험실을 갖추었으며, 물리학의 중요한 실험이 행해졌다. 이에 반해서 그리니치(1675년에 시작)와 베를린(1700)의 것은 순수천문학에 전념했다.

요컨대 물리학은 조직화되었고, 모든 새로운 제도는 그 발달을 도왔다.

Ⅱ. 역학

17세기까지는 역학의 단 한 분야가 이미 융성했다. 즉 고대에 아르키메데스가 기초를 세운 정역학(靜力學)이었다. 이에 반해서 동역학(動力學)은 존재하지 않았다. 대단한 지식이 없었을 뿐만 아니라 그들이 갖고 있는 약간의 지식도 일반적으로는 잘못된 것이었다. 예로서 등속직선운동을 유지하기 위해서는 지속적으로 힘을 작용하여야 한다. 그렇지 않으면 기동력이 없어지자마자 움직임이 멈춘다는 따위였다. 낙체(落體)의 법칙은 알지도 못했으며, 포물체의 궤도는 세 부분, 즉 상승직선, 원호

및 하항직선으로 분해했다. 이러한 모든 것은 현재의 이론역학과 거리가 멀었다.

동력학의 기초를 세운 것은 1600년부터였으며, 상당히 빨리 완벽한 상태에 도달했다. 그것은 역학의 〈3대 위인〉인 갈릴레오, 하위헌스, 뉴턴에 힘입었기 때문이다.

1. 갈릴레오가 최초의 기초를 닦았다

갈릴레오는 19살 때 어느 날 피사(Pisa)에 있는 성당의 샹들리에를 점검해 보았더니 그 진동이 항상 같은 주기를 갖는다는 것(등시성의 법칙)을 알게 되었다. 이어 그는 낙체(落體) 연구에 착수했다. 공기의 저항이 무시될 때에는 낙체의 무게가 무관하다는 것을 증명함으로써 시작했다. 그는 무게가 다른 몇 개의 물체를 피사의 사탑 위에서 동시에 떨어뜨림으로써 그것을 증명했다. 그 물체들은 동시에 땅에 떨어졌던 것이다. 다음에는 낙하속도가 시간에 비례하며, 따라서 낙하거리는 시간의 제곱에 비례한다는 것을 입증했고, 그것을 밝히기 위해서 비탈을 이용하는 것을 구상했으며 그 위에서는 낙하가 늦춰짐을 발견하면서 연구를 용이하게 했다.

1602년 이래 얻어진 이 최초의 수정으로 이미 지대한 발전을 얻어냈다. 그러나 갈릴레오는 그 정도로 그치지 않았고, 본질적인 몇 가지 일반원리를 제안하는 위대한 공적을 남겼다. 즉 관성의 원리(그러나 부분적으로는 케플러가 이미 언급했다)와 가속도를 유발하기 위해서는 힘이 필요하다는 것, 편행사변형의 방법이 그것이었다. 이렇게 해서 역학은 굳건한 기초를 갖추게 되었고, 그 때문에 만년에 가서 그때까지 몇 세대에 걸쳐 학자들이 열중했던 다른 문제를 해결할 수 있었다. 즉, 진공 중에서는 포물체의 궤도가 포물선임을 밝힌 것이다(1638).

요컨대 역학에서 갈릴레오의 업적은 지대했다. 여러 특수한 문제를 해결했을 뿐만 아니라, 근본 원리를 진술함으로써 특히 낡은 아리스토텔레스학파의 학설을 뒤집어놓았다. 당시 사람들이 광학과 천문학에서의 그의 업적을 어떻게 평가하든, 역학은 그에게 한층 영광스런 자격을 부여했다. 광학과 천문학의 분야에서는 길을 더듬기가 퍽 쉬웠지만 그는 즉 천체망원경을 개량해서 그의 선구자들이 알아볼 수 없었던 별을 그것으로 찾아내었고, 1세기 앞서 코페르니쿠스(Nicolaus Copernicus, 1473~1543)가 논술한 우주체계를 변호한 것. 이 모두가 높이 평가된다. 아무도 길을 닦아놓지 않은 매우 복잡한 분야를 개척했다는 것이 바로 천재의 표시인 것이다.

만년에 갈릴레오는 아르체트리(Arcetri)의 별장에 은거했다. 병들고 눈도 멀었으나 상당한 명성을 떨치고 있었으며 모든 학자들이 그의 의견을 묻기 위해 방문했다.

2. 하위헌스와 진자

갈릴레오에 의해서 윤곽이 잡힌 진자의 이론은 하위헌스에 의해 그의 저서 『진동시계론(Horologium Oscillatorium)』(1673)에서 완성되었다. 저명한 이론가인 그는 복합 진자의 문제를 근본에서부터 다룰 줄 알았고, 그에 관한 중요한 2개의 개념, 즉 원심력과 활력(Force Vive)을 밝혔다. 그 외에 실용적인 면에서도 매우 빛나는 능력을 발휘했다. 노력 끝에 처음으로 진자시계를 만들었고, 이때 두 가지 커다란 어려움, 즉 진동이 급속히 감쇠하는 것을 회피하도록 진동을 지속하는 것과 숫자를 자동적으로 기록하는 일을 해결해낼 수 있었다. 이 시계의 출현은 물론 감동을 자아내었다.

조금 후에 하위헌스는 회중시계의 연구에 착수했고, 그러기까지 여러 우여곡절을 거쳐야 했다. 1675년에는 나선 스프링의 원리를 밝히고 처음으로 좋은 회중시계를 만들 수 있었다. 요컨대 시간의 측정이 만족할 만한 정밀도에 도달한 것이다.

이것이 전부가 아니었다. 하위헌스는 주어진 시계의 주기가 지구 위의 모든 곳에서 같지 않은 이유를 설명했고, 지구가 납작하다는 것을 입증했고, 유고(遺稿)에는 충돌의 이론을 전개했다. 이것은 역학에 관한 그의 업적이 얼마나 중요하고 다양했는지를 말해 준다.

3. 뉴턴과 만유인력

오랫동안 행성의 운동은 학자들을 당혹하게 했다. 케플러(Johannes Kepler, 1571~1630)의 경험법칙은 운동을 정확하게 표현하기는 하나, 이론상의 증명을 필요로 했다. 어떤 사람은 그것에 대한 직관적인 견해를 이미 갖고 있었다. 이탈리아 사람인 보렐리(Giovanni Alfonso Borelli, 1608~1679)와 이어서 영국 사람인 훅은 거리의 제곱에 반비례하는 인력을 생각했으나 아직도 극히 막연한 억설일 뿐이었다.

이 의문은 뉴턴에 의해서 해결되었다. 그는 1687년

『자연철학의 수학적 원리(Philosophiae Naturalis Principia Mathematica)』를 출간했으며, 그것은 온 과학사를 통틀어 가장 중요한 저작의 하나이다. 그는 역학에 관한 가장 중대한 원리를 지적함으로써 시작했고, 거기에 또 새로운 것을 첨가했다. 즉 무게와 질량과의 구별과 힘과 가속도와의 비례가 바로 그것이다. 이어 그는 접점에 관한 면적법칙에 따르는 타원운동이 거리의 제곱에 반비례하는 인력에 의한 것임을 엄밀히 증명했다. 이어 그는 케플러의 법칙과 그의 인력법칙이 같은 내용이라는 것을 해결함으로써 역(逆)을 증명하고, 유명한 만유인력의 원리라는 내용을 결론지었다. 그는 또 주야평분시(Equinox)의 세차, 조석, 달의 운동에서 확인된 변화 등의 여러 현상을 설명했다.

요컨대, 이 저작은 천체역학의 기초가 되었으며, 단번에 매우 고도한 완벽성을 제시했다. 학계에 감동을 일으키기도 했고, 뉴턴에게 크나큰 명성을 부여했다. 그의 열렬한 숭배자들은 위대한 뉴턴이 잘못을 범할 리 없다고 하면서 모든 분야에 그의 결론을 일괄 채택하고는 그의 잘못된 이론까지도 열성적으로 옹호했다.

Ⅲ. 광학

1. 광학기계

천체망원경이 처음으로 발명된 곳은 네덜란드였다. 최초의 특허는 미델부르크(Middelburg)의 안경사 한스 리페르셰이(Hans

Lippershey, 1587~1619)에 의해서 출현되었다(1608). 그러나 당시의 그 발명은 〈널리 퍼져 있어〉 누가 먼저 했는지의 우선권에 대한 후보자로서 비슷한 여러 장인을 지적할 수 있다. 그것은 전혀 이론적 고찰의 결과가 아니었고, 어떤 물리학자도 그에 관련되는 렌즈의 모양과 배열을 **미리** 계산한 것은 아니었다. 필연코 안경사(眼鏡師)의 어림짐작이 어쩌다가 이런 발명의 길을 찾게 했을 것이며, 이론은 후일에 가서야 세워졌음에 불과하다.

이 망원경은 매우 빨리 근방의 나라로 퍼져갔다. 갈릴레오는 그것을 완벽하게 했다. 그는 1609년에 망원경을 만들었으며, 배율이 30배이었고, 상이 매우 선명한 것이었다. 그는 먼 곳의 경치가 매우 크게 보인다는 것에 모두 놀란 베네치아 사람들의 존경을 자아냈으나 그에 만족하지 않았다. 그는 천체관측에 망원경을 사용했고, 1610년이 되어서는 여러 발견을 손쉽게 할 수 있었다. 즉 달 표면의 기복, 금성의 상변화, 목성의 위성 등이 그것이다. 갈릴레오는 이러한 모든 것을 본 최초의 사람이었으며, 그의 선인들은 육안이 아니고는 별들을 살필 수 없었다. 이러한 발견 중의 일부는 태양 중심계의 우월성을 깨닫게 했다.

점차 망원경은 개량되고 변형되었다. 1611년이 되어 케플러는 소위 갈릴레오식 망원경과 같이 오목렌즈의 접안렌즈가 아닌 볼록렌즈를 쓸 것을 제안했다. 예수회교도인 독일인 샤이너(Christoph Scheiner, 1575~1650)는 태양을 조사하기 위해서 색유리의 사용을 제안했고, 오랫동안 태양 흑점을 연구했다. 영국인 가스코인(George Gascoigne, 1535~1577)는 마이크로미터를 발명함으로써 측정의 정밀도를 높였다(1640). 끝으로 하위헌스는 렌즈를 깎기 위한 새로운 방법을 고안했다. 이렇게 해서 훌륭한 망원경을 만들어 토성의 위성을 발견할 수 있었다.

거의 같은 시기에 예수교파의 이탈리아 신부 주끼(Nicolas Zucchi)는 대물렌즈를 넓은 오목거울로 바꿀 것을 제안했으며, 망원경의 원리를 능란하게 다루었다. 우수한 실용 장치가 두 사람의 천문학자에 의해서 실현되었는데, 1663년에 영국인 그레고리(James Gregory, 1638~1675)와 몇 년 후에 프랑스인 카세그레인(N. Cassegrain)이 만든 것이다.

1600년경에는 역시 네덜란드에서 현미경이 나타났다. 이것도 어림짐작의 결과였고 이론적 고찰의 결과는 아니었다. 이 발명은 대체로 한스(Hans)와 자하리아 얀센(Zacharias Jansen)이 이루었다. 솔직히 말해서 이 출현은 망원경보다 훨씬 이목을 덜 끌었다. 사실 현미경에는 완벽하게 깎은 렌즈가 필요하나 3세기 전에는 그렇게 되기 요원했다. 그러므로 좋은 확대경으로 좋은 결과를 얻을 정도였다. 한 가지 사실이 그것을 증명한다. 갈릴레오는 당시 좋은 현미경을 손에 넣었으면서도 아무것도 발견하지 못했고, 좋은 기계만 있으면 무엇인가 발견했을 그도 실패했다. 즉 당시의 위대한 현미경 학자들이 사용한 것은 간단한 현미경(초점거리가 매우 짧은 확대경)이었던 것이다. 말피기(Marcello Malpighi, 1628~1694)는 이렇게 해서 모세혈관 중 혈류를 관측하고, 촉각입자를 발견했다. 슈밤메르담(Jan Swammerdam, 1637~1680)은 곤충의 변태를 연구했고, 발생학에 처음으로 손댔다. 결국 1700년경에 가서야 160배 배율의 간단한 렌즈를 만들게 되어, 레벤후크(Anton van Leeuwenhoek, 1632~1723)는 곤충과 여러 극미동물을 발견했다.

2. 굴절과 그 결과

오랫동안 굴절 문제를 체계화하려고 했으나 성공하지 못했다. 데카르트는 그토록 탐구하던 법칙을 마침내 1637년에 찾아내어 그의 이름을 남기게 되었다〔$\sin(i)=n \sin(r)$〕. 그러나 네덜란드인 스넬(Willebrord Snell, Snellius, 1591~1626)도 별도로 그것을 발견했으나 발표하지 않고 죽었기 때문에 데카르트가 그것을 훔친 것으로 잘못 알고 비난받기도 했다. 데카르트는 이 법칙을 단 하나의 추론으로 논증하여 상당히 논의거리가 될 하나의 이론을 완성했다. 즉 그는 빛이 작은 입자로 구성되었다고 생각했으며, 공기 중에서보다는 촘촘한 매질 중에서 더 빨리 전파한다고 했다. 페르마는 이러한 견해를 비판했고, 그 법칙은 인정하나 논증은 용납하지 않았다. 그와 반대로 그는 유명한 〈페르마의 원리〉를 발표했고 그 내용을 빛이 한 점에서 다른 점으로 갈 때에는 항상 시간을 극소로 하는 길을 택한다는 것이었고, 굴절의 법칙도 데카르트의 생각과는 반대로 빛이 물에서보다 공기 중에서 더 빨리 간다고 생각하는 조건에서 얻어내었다. 이러한 견해의 차이 때문에 두 학자 사이에는 매우 격심한 논쟁이 벌어졌으며, 각기 자기의 의견을 옹호했다. 이 논쟁을 종결짓기 위해서는 19세기까지 기다려야 했고, 이는 페르마에게 정당성을 부여하게 되었다.

어떻든 데카르트는 공중에 떠있는 물방울 속에서의 광선을 정확하게 추적함으로써 무지개를 정확하게 설명할 수 있었다.

미적분학은 아직도 발명되지 않았고, 영웅적인 방법을 택해야 했다. 그는 간격이 일정한 1만 개의 광선을 평행하게 취하여 구형의 물방울 위에 떨어지게 하고, 하나하나를 추적하여 빠져 나올 때의 모든 각을 계산한 결과 나타나는 광선이 각도 41°31′에서 겹친다는 것을 확인했다. 이것으로 1차 무지개가 나타는 이유와 모양과 크기를 설명할 수 있었다. 그는 2차 무지개에 대해서도 마찬가지로 했다. 이 결과는 뉴턴이 완결했으며, 무지개 색도 설명했다.

데카르트의 법칙으로 렌즈의 이론, 즉 광학기구는 물론 눈에 관한 것도 점차 정확해졌다. 시각현상도 더 잘 이해하게 되었고, 케플러는 도립실상(倒立實相)이 각막 위에 형성되어야 한다고 단정했다. 이러한 생각은 샤이너가 확인했으며, 그는 소의 눈을 빼내어 망막까지의 피막을 벗겨낸 것을 빛에 향하게 했더니 명확한 상이 생기는 것을 보았다. 또 그는 결정체의 곡률을 변경함으로써 거리에 대한 조절을 할 수 있다는 것도 알았다. 끝으로 마리오트(Edmé Mariotte, 1620~1684)는 시신경의 입구가 맹점이라는 사실을 발견했다.

덴마크의 바르톨린(Erasmus Bartholin, 1625~1698)은 1669년에 새로운 발견을 했다. 상인들이 코펜하겐에 갖고 온 결정인 아이슬란드의 벽개성광물(빙주석)을 조사했더니 그것으로 본 모든 물체가 이중으로 보이는 것을 알았다. 이 **복굴절**은 학자들의 호기심을 강하게 끌었으나 19세기까지는 그 이유를 알지 못했다.

3. 빛의 여러 가지 성질

고대 그리스, 로마 사람들은 일반적으로 빛이 순간적으로 전파한다고 믿었다. 갈릴레오는 이 점에 의심을 품고 3㎞ 정도의 어떤 경로를 지나가게 할 때의 시간을 측정하려 했으나 물론 실패로 끝났다. 이 시간은 10만 분의 1초 정도에 불과하기 때문이었다. 그의 후계자들도 더 좋은 결과는 얻지 못했고, 전파가 순간적이진 않지만 적어도 매우 빠르다는 것은 인정했다. 따라서 그것을 자세히 알아볼 수는 없는 노릇이었고, 직접 측정을 하게 된 것은 결국 1849년에 이루어졌다. 그러나 거의 알려지지 않은 덴마크의 천문학자 뢰머(Ole C. Rømer, 1644~1710)는 매우 독창적인 완곡한 방법을 발견했고, 아무런 실험도 하지 않고 빛의 속도를 구했다. 당시 그는 파리의 천문대에서 일하고 있었고, 목성의 어떤 위성이 불규칙성을 나타낸다는 것을 알게 되었다. 즉 그의 식이 때로는 아주 늦게, 때로는 아주 빨리 일어나고 있었다. 그는 그 원인이 지구에 대한 위치 때문이라는 천재적인 생각을 했다. 즉 매우 떨어져 있을 때에는 빛이 지구에 도달하기까지 시간이 더 걸려서 겉보기에 약간 늦어지는 것이며, 또 반대 현상도 생기는 것이다. 이러한 생각으로 곧바로 빛의 속도는 초당 327,000㎞라는 값을 얻었다. 이렇게 해서 일찌감치 빛의 속도를 처음으로 결정했으며, 더 좋은 결과를 얻기 위해서는 2세기를 기다려야 했다.

오랫동안 물리학자들은 색에 대해서 일치된 의견이 없었다. 그들 대부분은 빛이 그 자체가 색을 띠는 것이 아니고, 외부적인 원인에 의해서 색을 갖게 된다고 생각했다. 이 문제를 결말지은 것은 뉴턴이었고, 조직적 연구에 따라 실현할 수 있었다.

빛나는 일련의 실험(1668~1672)의 결과 명백하고 논의의 여지가 없는 결론에 도달할 수 있었다. 즉 백색광은 무수한 순수한 색광(오늘날 단색광)의 혼합으로 이루어지며, 이들은 프리즘에 의해서 각각 다른 각도로 나타나고, 이것이 바로 분산현상에 대한 설명이었다. 그러나 다시금 이들의 광선을 합해주면(뉴턴은 실제로 해보았다) 자동적으로 처음의 백색광이 다시 만들어진다. 이런 모든 것에서 뉴턴은 매우 다양한 결과를 얻어냈다. 그는 무지개 색의 이유를 설명했고, 천체망원경의 중대한 결함인 색수차를 발견했고, 그것을 피할 수 없는 것으로 생각하여 망원경의 사용을 권장했다.* 그는 물체의 색이 선택현상에 의해서 어느 광선은 반사되고 어느 것은 흡수되기 때문이며, 처음에 생각했던 것과 같이 빛의 변환 때문이 아님을 알고 있었다. 그러나 그도 태양 스펙트럼에 줄무늬를 만드는 여러 개의 가는 흑선이 존재한다는 중요한 한 점은 알지 못했다.

거의 같은 시기에 이탈리아인 그리말디(Francesco Maria Grimaldi, 1618~1663)는 특별한 경우를 통해서 두 가지 중요한 현상, 즉 회절과 간섭을 발견했다. 이것은 빛의 본성에 관한 당시의 학설과는 전혀 상반되는 것이었다. 이것은 이 문제에 대한 새로운 출구를 찾게 할 수 있는 것이었으나 너무나 빨랐기 때문에 거의 관심을 받지 못한 채 넘어가서 1세기 반 동안이나 묻혀 있었다. 간섭의 특별한 경우로서 유명한 **뉴턴의 원 무늬**를 지적하자. 뉴턴은 이것에서 실험법칙을 찾아내었으나 정확하게 해석할 수는 없었다.

---

* 영국의 광학자 돌런드(John Dollond, 1706~1761)가 아크로마틱 대물렌즈를 발명한 것은 그 후 1세기 지나서였다.

4. 빛의 이론

이 세기에 발견된 모든 것에서 학자들은 빛의 본성에 관한 지식을 얻어내려고 노력했다. 그러나 그것이 쉬운 일이 아님을 알았다.

최초의 가설은 앞서 말한 바와 같이 빛의 알맹이에 대한 것이었으며, 발광체에서 매우 작은 입자가 발사된다는 것이었다. 데카르트는 이 관점을 옹호했고, 뉴턴은 그것을 발전시켜 그로부터 여러 간단한 특성(직진, 반사, 굴절)을 설명했다. 그러나 불행하게도 계속해서 발견되는 새로운 특성을 설명하기 위해서는 끊임없이 새로운 가설에 의해서 그의 이론을 복잡하게 하여야 했다. 즉 그는 입자가 인력이나 반발력을 가지며, 항구적 자전 운동을 한다고 하고, 한쪽은 둥글고 다른 쪽은 뾰족뾰족한 비대칭을 갖는다고 가정했다. 그의 이름이 붙은 뉴턴의 원 무늬의 존재를 설명하기 위해서 「쉽게 투과하고 쉽게 반사하는 진로에 관한 이론」을 완성해 창의력을 인정받았으나 이는 크게 논의할 여지가 있었다. 이렇게 점차 복잡하게 되는 것은 좋은 징후는 아니었다. 그리고 복굴절과 같은 여러 특성은 수수께끼로 남았다.

이것과 상반되는 또 하나의 이론이 나타났다. 이번에는 입자에 관한 것이 아니었고, **광파**를 주장한 것으로, 빛이 어떤 비물질적인 사물에서 생겼다는 것이다. 처음에는 그리말디가, 이어서 훅이 예언한 빛의 파동성은 하위헌스가 명백하게 포괄했고 이것으로 여러 현상을 설명했다. 그러나 이 매력 있는 이론도 학계에서 배척받았다. 사실 거기에는 중대한 결함이 있었고, 특히 직진성을 어떻게 잘 설명할 수 없었다. 요컨대 뉴턴의 명성

덕분에 사람들은 그의 입자설을 아무런 저의(底意)없이 뉴턴보다 더 한층 확신을 갖고 채택했다. 뉴턴은 긴 시간 동안 주저한 후에야 비로소 자신의 학설에 가담했고, 오히려 여러 번 그것을 포기하는 입장에 서려했다. 아무튼 빛의 파동설은 오랫동안 인정받지 못했다.

Ⅳ. 대기압과 그 결과

1. 대기압

고대 그리스, 로마 사람이 전혀 생각하지도 못했고, 중세에 가서도 진전이 없었던 것이 바로 이 지식이었다. 펌프 내에서 물이 내려가는 것을 이해하기 위해서 아리스토텔레스 이래로 자연이 진공을 무서워한다고 말해 왔으나 이 **진공공포**(Horror Vacui)라는 말만으로는 아무것도 설명하지 못했다.

어느 날 피렌체의 한 정원사가 갈릴레오의 은신처에 찾아가서 뜻밖의 사실에 대한 설명을 요구했다. 즉 물이 그가 만든 새 펌프의 어느 높이까지만 올라가고 32피트의 높이에서 멈춘다는 것이었다. 갈릴레오는 그 현상을 조사해보기 위해서 호기심을 갖고 그 장소에 가본 뒤, 자연이 진공을 싫어하기는 하나 그것에는 한도가 있는 것 같다고 말했다. 그러나 그는 이미 늙어 그 문제의 연구를 더 추진하지 못했다.

그의 제자 중 한 사람인 토리첼리(Evangelista Torricelli, 1608~1647)는 하나의 해답을 제안했다. 즉 이 현상의 원인은 막연한 진공의 공포 따위가 아니고 대기가 작용하는 압력 때문이라는 것이었다. 그는 그것을 증명하는 실험을 생각했고, 그것은 엄청난 높이의 물기둥을 무게를 같이 하여도 높이가 낮아 취급이 더 쉬운 수은주로 바꾸는 것이었다. 그 실험은 1643년에 그의 친구 비비아니(Vincenzo Viviani, 1622~1703)가 행했다. 수은을 넣은 큰 통속에 유리관을 거꾸로 넣었더니 예상한 대로 27푸스 1/2(약 76㎝)의 높이에서 멈추었다.

이것으로 토리첼리의 견해가 확인된 것 같았으나 이 실험으로 결론이 난 것은 아니었다. 어떤 작용으로 액체를 그의 밀도에 따라 달라지는 높이로 올릴 수 있다는 것을 알기는 했으나 그것이 공기의 무게 때문이라는 것은 알지 못했다. 토리첼리는 이 문제를 포기하고 요절했다. 그러나 그의 업적은 메르센느 신부에 의해서 프랑스에 알려졌다. 이 가설이 파스칼의 마음을 사로잡았다. 그는 결정적인 실험을 꼭 해볼 필요가 있다고 깨달았으며, 그것을 고안하는 재능이 있었다. 즉 공기의 입력이 원인이라면 어느 높이에 올라가보면 거기에서는 압력이 약해져서 수은이 덜 올라갈 것으로 보았다. 당시 파스칼은 루앙(Rouen)에 살고 있었다. 노르망디(Normandie)는 이런 종류의 실험을 하기에 적합하지 않았기 때문에 클레르몽 페랑(Clermont-Ferrand)에 사는 매부 페리에(Florin Péerier)에게 편지를 보내 상세한 실험 방법을 알렸다. 페리에는 전문가는 아니었으나 물리학에 흥미를 가졌기 때문에 기꺼이 받아들이고, 1648년에 이 중대한 실험을 주의 깊게 착수했다. 그는 토리첼리관의 수은의 높이가 퓌드돔(Puy de Dôme)의 산기슭에서는 26푸스 3리뉴 1/2이었는데, 다음에 몇몇 친구들과 함께 가서 그 관을 산마루의 관측소에 놓았더니 23푸스 2리뉴였다. 파스칼의 생각이 옳았다. 산을 내려가면서 이 물리 애호가들은 여러 간접측정을 했고, 산기슭에서 처음의 높이가 된다는 것을 다시금 알았다. 이렇게 하여 진공의 공포에 최후의 일격을 가했다.

파스칼은 같은 실험을 쌩자끄(Saint-Jacques)탑에서 다시 했다(이 실험을 기념하기 위해서 그의 동상이 후일에 이 탑에 장식되었다). 이 탑은 약 25뚜아즈로서 그리 높지 않은데도 약 2리뉴라는 상당한 수은주 차가 생겼다. 그는 이 결과를 1648년에 발표했고, 이어 더 광대한 유고(遺稿, 1663)에서 대기압의 사상을 발전시켰고, 그것으로 펌프, 분무기, 사이폰 등의 여러 현상을 설명했다.

2. 압력계와 그 응용

토리첼리관은 대기압을 측정할 수 있었으므로 최초의 압력계가 되었다. 이어서 그것을 완전하게 하기 위한 노력이 있었으며, 새로운 유형이 여러 개 발명되었다. 독일의 귀리케(Otto von Guericke, 1602~1686)는 물을 쓴 압력계를 제안했는데, 감도는 좋았으나 거추장스러웠다. 또 훅의 원형압력계, 실험 아카데미아의 사이폰형압력계, 특히 하위헌스의 복관압력계가 있다. 이들 대부분은 불행하게도 온도 변화에 민감했고, 구조를 조금씩 개량하여야 했다.

파스칼의 실험이 가르치는 바와 같이 압력계로 고도를 평가할 수 있음을 곧 알게 되었다. 마리오트는 압력이 고도에 따라 어떻게 변하는지를 지적했고, 이때 하나의 법칙이 성립하며 그것은 곧 완전한 내용이 되었다. 그 후 압력계로 일기예보를 할 수 있다는 것을 알았다. 그것을 처음으로 이해한 사람 중의 하나는 귀리케였다. 마그데부르크(Magdeburg)의 시장이었으며, 물리학의 열렬한 애호가였던 그는 구경거리가 될 만한 실험으로 여러 사람을 놀라게 하는 것을 좋아했다. 그는 나무인형을 만들고, 속에 기압계를 넣어 그 인형의 팔이 뻗치는 것으로 다가오는 일기를 가리키도록 하여 산책하는 사람들을 매우 놀라게 했다.

3. 진공과 기체의 연구

앞서의 실험은 흔히 문제된 진공에 대한 의심을 겨냥한 것이었다. 물론 토리첼리관은 진공을 얻는 간단한 수단이 되었다. 그러나 손쉽게 진공에 관한 실험을 하기 위해서는 임의의 용기 속에서 공기를 제거하여 진공을 만들 수 있어야 했다. 최초의 진공 펌프는 귀리케가 만들었다. 피스톤의 도움으로 그릇을 닫게 해서 공기를 빨아들이고 다음에 배기한다. 이 기계는 불완전하고, 취급이 복잡하여 다루는데 세 사람이 필요했다. 귀리케는 그러는 가운데 재미있는 실험을 할 수 있었다. 이 속임수 쓰기를 좋아한 사람은 조수들을 놀라게 하는 가운데 흥겨워했다. 가령 구리공에서 공기를 뽑아내면 일그러질 때 벼락 치는 소리를 내면서 산산조각이 나고 이때 마치 손에서 구겨진 헝겊 조각 같은 것이 남았다. 또 다른 실험에서는 열다섯 사람이 온힘을 다해서 피스톤을 잡아당기는 것을 진공의 힘만으로 반대 방향으로 밀어 보였다. 또 그 유명한 마그데부르크의 반구도 회상된다. 반구 2개를 서로 맞대어놓고 속에 진공상태를 만들어주면 그것을 분리하기 위해 16마리의 말을 달아주어야 했고, 이때 총을 쏠 때와 같은 큰 소리가 났다.

그러나 귀리케는 이러한 어린애 장난 같은 것에 만족하지 않고, 진공의 성질을 과학적으로 연구했다. 촛불이 그 속에서는 꺼지고, 동물이 그 속에서 쓰러져 곧 죽게 되고, 흔들어 놓은 종소리가 전혀 들지 않게 된다는 따위였다. 당시 물리학이 아직도 그다지 발달하지 않아서 모든 것을 정확하게 해명하기에는 불충분했으나, 이들 **마그데부르크의 기적**(Mirabilia Magdeburgica)은 대단한 호평을 불러일으켰다.

진공 펌프는 영국인 보일(Robert Boyle, 1626~1691)에 의해서 완전하게 되었다. 그는 선구자들의 결과를 확인하고 정확하게 했다. 그 뒤에 진공을 연구하는 과정에서 기체의 부피가 압력에 반비례해서 변한다는 것을 알게 되었으며, 이 문제에 관한 몇 개의 수치를 지적했으나 별로 중요성을 부여하지 않았고 이를 공표하지도 않았다.

좀 지나서 이 결과를 잘 몰랐던 신부 마리오트는 정밀한 측정을 한 결과 동일한 법칙에 도달했다(1676). 그는 그것을 너무 조급하게 일반화하는 것을 회피하고 상온의 공기와 압력이 어느 범위 내에서 변하는 것에 대해서만 성립하는 것으로 발표를 한정했다. 그 후 이 보일-마리오트의 법칙을 확장하려고도 했으나 다시 그 후에 어느 한계 내에서만 성립한다는 것을 알게 되었다.

V. 17세기의 마지막 발전

1. 증기기관

아리스토텔레스의 저술에도 있듯이 이미 오랜 옛날부터 사람들은 수증기 팽창력을 알고 있었다. 또 그의 응용법을 찾아낸 헤론과 제르베르와 같은 발명의 귀재 이름을 회상할 수도 있다. 그러나 이것을 동력으로 사용할 것을 모색하기 시작한 것은 겨우 17세기에 이르러서였다.

이에 관련된 선구자들을 잠깐 더듬어 보자. 1615년에 기사 살로몽 드 꼬(Salomon de Caus)는 증기력으로 물을 퍼 올리는 한 장치를 묘사했고, 그 후 영국의 귀족 우수터(Worcester) 후작과 그의 동료인 사뮤엘 몰랜드(Samuel Morland)가 기획 단계에서 멈춘 것이 있으나 상당히 막연했다. 다음에는 곧바로 드니 파팽(Densi Papin, 1647~1714)으로 이야기를 옮기자. 일반적으로 발명가로 생각되는 그는 프랑스 사람으로 처음에는 영국, 다음에는 독일로 망명했으며, 거의 모든 생애를 그곳에서 일했다. 1682년에 그는 밀폐된 용기 속에서 어떤 유기물질을 삶을 때 동시에 압력이 작용하게 되어 부드럽게 만드는 **압력솥**을 발명했다. 이 장치에는 이미 일종의 안전판이 붙어 있었으며, 파팽의 중요한 발명품이었다. 1690년에 그는 교묘한 생각에 근거를 둔 증기기관을 기획했다. 증기로 피스톤을 밀어올린 다음 내려오게 할 때에는 증기를 멈춘다. 이것을 되풀이하면 왕복운동을 하게 되는 셈이다. 그의 고안은 더욱 정확하게 되어 1695년에는 최초의 모형을 내놓았으나 심각한 지장이 나타났다. 조작하는 시간이 길고, 한 왕복에 3분이나 걸렸던 것이다. 그러나 모든 본질적인 기구는 갖추어져 있었으며, 물을 퍼 올릴 수 있을 뿐만 아니라 배를 움직일 수 있는 원동기의 싹이 갖추어져 있었다. 재정적인 어려움으로 그의 설계에 따르는 증기선을 독일에서 실현하기 위해서는 1707년까지 기다려야 했다. 그는 풀다(Fulda)에서 시험했으나 격노한 인근 뱃사공들이 그것을 부셔버렸다. 실의에 찬 파팽은 연구를 포기하고 비운 속에서 죽었다.

본질적인 것은 이루어졌으며 기술적인 것에 논의가 남아 있었다. 1698년이 되어서 영국인 세이버리(Thomas Savery, 1650?~1715)는 모든 선구자들로부터 영감을 받아서 특허를 얻어 왕립학회에 한 모형을 제출했다. 아직도 매우 불완전한 것이었으나 최초의 실용적인 기관이었다.

2. 온도계

대부분의 장치와 마찬가지로 온도계도 기원이 불확실하다. 한 발명가를 인용하는 것을 망설이게 되나 일반적으로는 네덜란드 사람인 코르넬리우스 판 드레벨(Cornelieus van Drebbel, 1572~1634)의 이름을 든다. 그러나 아무도 최초의 온도계는 17세기 초에 여러 곳에서 동시에 나타난 것 같다. 그러나 모두가 아주 부정확한 것이었고, 기압 변화에 따라 상당히 달라져서 온도를 정확하게 나타낼 수 없었고, 변화가 있다는 것을 가리킬 뿐이어서 온도표시기라고 이름 붙이는 것이 오히려 좋을 것 같다.

그 외에 더욱 크게 불편한 점은 눈금을 임의로 새겨놓았기 때문에 서로 비교할 수 없었다. 피렌체 온도계의 6°눈금을 네덜란드 온도계의 8°눈금과 어떻게 대조할 수 있는가? 물리학자들은 대응성에 있어서 어찌할 바를 몰랐다. 보일은 한 고정점, 가령 얼음의 녹는점을 0으로 택한다는 생각을 고안했다. 프랑스의 달랑세(Dalencé)는 두 번째 고정점을 택해서 그 사이를 같은 수로 등분하자는 생각을 강력하게 주장했다. 그의 생각은 좋았으나 불행하게도 아무도 즉시 동의하지 않고, 각 학자들은 개인마다 다른 눈금을 고집했다. 가령 뉴턴은 얼음의 녹는점과 사람의 체온을 택하고 그 사이를 12등분했다. 요컨대 이 세기는 혼돈 속에 끝났다.

3. 소리의 속도

처음으로 측정한 것은 가상디(Pierre Gassendi, 1592~1655)였다. 그는 먼 거리에서 대포를 쏘게 하고, 섬광과 소리가 도달할 때의 시간의 차를 측정하여 소리가 매초 1,473피에의 속도로 전파한다고 결론지을 수 있었다. 이러한 방법은 여러 학자들이 답습하게 되었으며, 메르센느 신부는 1,380피에임을 밝혔고, 실험 아카데미는 1,180, 파리의 아카데미는 1,090을 얻었다. 이 모든 결과는 일치하지 않았다(정확한 값을 피에로 환산하면 1,023라는 수가 된다). 이러한 불일치는 한편으로는 측정장치의 불완전 때문이었고, 또 한편으로는 중요한 요소(바람, 온도 등)를 무시했기 때문이었다.

뉴턴은 이 문제를 실험이 아닌 이론으로 다루어서 그 값을 계산한 바 있으며, 당시의 여러 사람들의 칭찬을 받았다. 그가 얻은 결과는 906프랑스피에였다. 이 숫자는 앞서의 실험가들이 제시한 것보다 약간 작으나 그다지 큰 차는 없었기 때문에 당시 명성이 대단했던 뉴턴의 것이 옳다고 했지만 그 후 그 결과가 부정확하다는 것을 알게 되었다.

4. 마지막 연구

정수역학은 17세기까지 거의 진전이 없어서 아르키메데스의 원리에 국한되었고, 그것도 설명이 잘 되지 않았다. 브루헤스의 스테빈(Simon Stevin, 1548~1620)은 최초의 기본원리를 발표했고, 특히 용기 밑바닥에서의 물의 압력은 수면의 높이에만 관계된다고 했다. 파스칼은 1653년에 쓴 논문에서 이 결과를 다시 찾아 정확히 했으며, 그 외에 압력의 전달 원리를 발표했고, 이것은 수압기의 기본이 되었다.

아주 기묘한 이론이 데카르트에 의해서 전개되었다. 그에 의하면 세계는 **희박한 물질**로 된 **소용돌이**로 형성되었으며, 그 이론의 도움으로 고집스런 학자들은 여러 가지 많은 현상, 가령 중력, 행성의 운동, 조석 등을 설명하려고 노력했다. 그러나 이 소용돌이는 순전히 머릿속에서 만들어낸 것이었으며, 결코 아무것에도 근거를 둔 것이 아니었다. 대학이나 살롱에서는 그러한 생각이 호소력이 적어 큰 성공을 볼 수 없었다.

전기는 전혀 발전이 없었다. 이 문제에 유효하게 손을 댄 극히 드문 물리학자 중 한 사람은 귀리케였다. 그는 최초의 전기기계를 만들었다. 막대에 황의 구를 꽂아놓고, 한손으로 돌리고, 또 한손으로 마찰했다. 이러한 원시적인 도구로 몇 가지 실험을 할 수 있었으며, 현재 강력한 정전발전기의 먼 조상이 되었다.

끝으로 자기는 더욱 발전이 없었다. 영국의 젤리브랜드(Henry Gellibrand, 1597~1636)는 자신의 한 측정과 런던의 선배들의 측정을 비교해서 지자기 편각의 경년변화(經年變化)를 발견했다(1635).

3장
18세기

1. 물리학은 깊숙하게 전개한다

18세기는 물리학에서 전 세기만큼 화려한 것은 아니었다. 매우 위대한 천재가 나타나지도 않았고, 이목을 끄는 발견이나 발명도 거의 없었다. 이미 이루어진 길을 따라가면서 장치를 완전하게 하거나, 법칙을 정확하게 하거나, 이론을 공들여 손질하거나 했다. 개혁을 하게 된 유일한 분야는 전기학이었고, 이것도 시작에 불과했다. 그러나 물리학은 몇몇 고립된 위대한 학자들의 소유물로 멈추는 것이 아니었고 유럽의 구석구석까지 흩어지게 되었으며, 여러 연구인들의 관심을 끌게 되고, 동시에 대중들도 열의를 보이며 그 깊이를 특히 넓게 전개되었다.

수학자도 이 방면에 그들의 총명함을 발휘했다. 이때 수학적 도구는 큰 발전을 거두었고, 미분학의 발명은 물리학에 거대한 가능성을 열어주었다. 우리가 아는 바와 같이 여러 현상의 법칙을 세우거나 엄밀한 결과를 끌어내기 위해서는 미분학이 필요하며, 물리학의 어떤 문제에서는 아주 까다로운 실험을 하기보다 미분학을 써서 더 잘 해결할 가능성이 크다. 역학, 유체역학, 진동현(弦)의 문제는 이렇게 해서 새로운 양상을 띠게 되었다. 오일러(Leonhard Euler, 1707~1783), 베르누이 일가(Bernoulli), 라그랑주(Joseph Louis Lagrange, 1736~1813), 달랑베르(Jean le Rond d′ Alembert, 1717~1783), 라플라스(Marquis de Laplace,

1749~1827)는 그들의 새로운 계산법을 여러 문제에 적용하여 만족할 만한 해답을 찾을 수 있었다.

이들 순수이론가 이외에 아마추어 실험가들이 여러 정성적인 연구에 몰두했다. 즉 출판업자이며 인쇄업자이던 플랭클린, 행정감독관이던 듀페이, 기술장교이던 쿨롱이 바로 그렇다. 이들은 파스칼이나 귀리케 같은 사람만큼이나 물리학에 열성을 가졌으며, 훌륭한 재간과 인내심을 발휘하여 새로운 여러 사실을 발견했다. 이들 덕분에 전기학이 발전했으나, 사람들은 그것이 후일에 가서 어떤 역할을 할지 의심했다. 여러 뛰어난 학자들도 그러한 새로운 실험의 중요성을 알아보려고 하지 않았고, 단지 여러 가지에 호기심을 갖는 사람의 기분을 전환시키고 대중을 놀라게 하는 따위의 장난감 정도로 생각했다. 그 당시의 발명품이던 증기기관, 광학기구, 온도계 등을 완전하게 만들기 위해 끈기 있게 노력한 기술자의 존재도 유의해 두자.

한편 철학자들도 물리학에 흥미를 가졌다. 다행히도 그들의 조상인 그리스 사람들과 같이 든든한 바탕이 없이 광대한 이론을 정교하게 하려하지 않고, 저술과 대화로 과학의 관심을 넓히는 데 도움을 주었다. 철학 정신은 정열적으로 실험적 방법을 받아들이고, 모든 것을 증명하고 법칙화하기를 원했다.

여기에 일반대중도 합세했다. 특히 프랑스에서는 실험물리학이 큰 인기를 차지했다. 여러 〈물리연구실〉이 창설되었고, 학자들은 거기서 간단하고 구경거리가 될 만한 실험을 했다. 성실한 사람은 새로운 문제에 관심을 보였고, 살롱에서는 사람들이 과학에 관한 토론을 하고 전문가들의 이야기는 거기서 찬미를 받으며 경청되었다. 당시 과학을 가장 크게 보급한 한 사람은 놀레(Jean Antoine Nollet, 1700~1770) 신부였으며, 파리 사람들에게 행한 「물리학 강의(Cours de Physique)」에서 그는 과학의 최근 업적을 모두 공개하고, 실험을 재미있게 보여줌으로써 사람들의 마음을 끌고 이해를 도왔다. 마지막에는 그를 위해서 소르본느에 실험물리학의 강좌가 신설되었다. 따라서 그때까지 세력이 매우 컸던 라틴어가 발붙일 곳을 잃기 시작하는 대신 물리학이 교육에 자리잡게 되었다. 이렇게 해서 과학에 관한 교양이 젊은이 사이에 쉽게 퍼져갈 수 있었다.

2. 혁명과 미터법

이때 프랑스 혁명이 일어났다. 그 과정의 나쁜 면으로는 몇몇 사람, 특히 전직 징세청부인으로서 사형된 라부아지에(Antoine Lavoisier, 1743~1794) 같은 이의 처형을 들 수 있다. 혁명재판에서 꼬피날(Conffinhal)은 그에게 불리한 발언을 하면서 공화국은 학자를 필요로 하지 않는다고 선언한 것이었다. 좋은 면으로는 몇몇 중요한 학교, 즉 사범대학(Ecole Normale Supérieure), 이공대학(Ecole Polytechnique), 공예대학(Conservatoire des Arts et Métiers) 등을 지적할 수 있다. 이들 기관은 과학 발전에 커다란 기여를 했으며, 여러 과학자들을 배출했다.

그러나 혁명은 더욱더 중요한 몇 가지 일을 수행했다. 미터법을 제정한 것이다. 그때까지는 여러 분야에서 쓰이는 단위가 전혀 통일성이 없었다. 기본단위가 정립되지 않았고 배수와 약수의 관계가 한없이 복잡했으며, 그것도 나라마다, 지방마다 달랐다. 이 모든 것을 간단하게 하고 통일해야 했다.

헌법제정위원회는 다섯 명의 위원*을 임명했고, 1791년에 이르러 하나의 계획을 제안했다. 우선 일반적인 방법으로 비할 데 없이 실용적인 10진법을 택했다. 또 국가적인 감정과 지방적인 감정을 건드리지 않기 위해서 자연현상의 도움으로 정의되는 새로운 기본단위를 창설했다. 미터원기를 만들기 위해서는 긴 작업이 필요했다. 결국 자오선의 원호를 정확하게 측정하기로 했으며, 천문학자인 들랑브르(Jean Delambre, 1749~1822)와 매생(Pierre Méechain, 1744~1804)은 1792년에서 1799년에 걸쳐 내란과 이방인이라는 신분으로 그들의 장치를 갖고 프랑스를 헤맸다. 이렇게 하여 1799년 6월 23일 백금제의 미터원기를 국립문서보관소에 제출했다.

미터법 덕분에 사정이 상당히 개선되었다. 그러나 아무 지장 없이 채택된 것은 아니었다. 구식 단위에 익숙한 상인과 농부들의 관습을 타파하기 위해서는 몇 년의 시간이 필요했다. 마침내 프랑스에서, 이어서 대부분의 나라에서 성공을 거두었다.

3. 전기학에서의 최초의 발견

1729년에 영국인 그레이(Stephen Gray, 1670~1736)는 전기 **전도율**을 발견했다. 그는 금속(도체)과 같은 어떤 물질에서는 전기가 통할 수 있으나 명주(절연체)와 같은 종류에서는 통하지 않는다는 것을 알았다. 그 외에 유도에 의한 대전도 발견했다.

이 결과를 듣고 프랑스의 행정감독관인 뒤페이(Charles Francois Du Fay, 1698~1739)도 같은 연구에 착수했다. 그는

* 보르다(Borda), 꽁도르세(Condorcet), 라그랑주, 라플라스, 몽주(Monge)

오랫동안 그레이의 경쟁자임을 자처하면서 그와 반대의 입장에 있었다. 두 사람은 각자의 결과를 적어 보내고, 상반되는 의견을 교환했다. 뒤페이는 1733년에 두 종류의 전기의 존재를 발견했으며, 이를 **유리전기**와 **수지전기**라고 불렀다. 그밖에 하나의 기본원리를 발표했는데, 같은 이름의 전기는 서로 밀고, 반대 이름의 전기는 서로 잡아당긴다는 것이었다. 또 백열된 물체에서는 전기가 도망간다는 것을 지적했으며, 이것은 현대의 열전기현상의 기원이 되는 것이다.

이러한 두 종류의 전기의 이론은 즉시 받아들여지지 않았다. 미국인 플랭크린(Bejamin Franklin, 1706~1790)은 반대로 전기는 단 한 종류의 유체로 되어 있다고 믿었으며, 그것이 모든 물체 속에 잠재상태로 퍼져있고, 때로는 축적되거나 반대로 없어지게 된다고 했다. 이러한 두 가지 극단론은 여러 반대되는 결과를 가져왔다. 이 문제를 대상으로 열렬한 토론을 했으나 1959년에 영국의 사이머(Symmer)가 여러 실험을 한 결과 뒤페이의 관점을 확인하게 되어 그것이 받아들여졌다. 두 종류의 전기는 점차 **양전기**와 **음전기**라 불리게 되었다.

전기학은 점점 유행을 타게 되고, 전기가 발생하는 방법을 개선할 필요가 생겼다. 따라서 우선 귀리케가 발명한 기계를 완전하게 했다. 즉 크랭크로 돌려서 회전을 빠르게 하고, 와셔를 넣어서 마찰을 줄이고 황의 구를 유리판으로 바꾸었다.

이후 독일 사교회원인 폰 클라이스트(von Kleist, 1700~1748)와 네덜란드 교수 무셴브룩(Pieter van Musschenbroek, 1692~1761)는 특히 중요한 새로운 발견을 했다. 우연히도 따로따로 **축전기**의 원리를 발견한 것이다. 무셴브룩의 발견은 놋쇠선의 한쪽을 전기기계에 연결하고, 또 한쪽을 물이 담긴 레이던병 속에 넣은 것이다. 이 학자는 이렇게 해서 의심할 여지없이 처음으로 축전기를 발명했다. 그는 놋쇠선을 꺼내기 위해서 살그머니 손을 집어넣었을 때 생각지 못한 아주 센 충격을 받았다. 이 발견은 빨리 알려졌으며 대중을 감동시키고 놀라게 했다. 곳곳에서 이 유명한 〈레이던병〉의 방전이 일으킨 충격과 아픔을 자세히 이야기했고, 아주 열성적인 아마추어들은 이 놀라운 타격을 적당한 만큼 받아보고 싶어서 물리연구실에 갔다.

4. 프랭클린과 공중전기

최초의 미국 학자이며 전기의 위대한 전문가인 프랭클린은 공중전기라는 중요한 발견을 처음으로 한 사람이었다. 그는 불꽃과 날쌘 잡음을 수반하는 축전기의 방전을 벼락(번개와 천둥의)과 비교한다는 비범한 생각을 했다. 즉 방전현상은 벼락이 작은 규모로 줄어든 것으로 본 것이다.

이러한 가정을 증명하기 위해서 그는 한 가지 간단한 실험을 제안했다. 전기를 끄는 뾰족한 물체로서 쇠막대를 구름 쪽으로 세우는 것으로 충분하며, 그러면 뇌우 때에 대전을 해서 충분한 불꽃이 튀게 된다는 것이었다. 자신이 그렇게 해보지는 않았으나, 달리바르(Thomas Dalibard, 1703~1799)는 1752년 5월 마를리(Marly)에서 이를 성공적으로 실현했다. 그 실험으로 벼락의 전기성을 밝혔을 뿐만 아니라 프랭클린이 지적한 바와 같이 그것을 예방하는 방법을 제시했다. 즉 각 건물의 꼭대기에 피뢰침을 세우고 금속성동체로 대지와 연결해서 안전하게 전기가 도망갈 수 있게 하는 것이었다. 이런 모든 일들은 사람들의 상상력을 매우 자극했다. 벌판을 걸어가는 사람이 뇌우를 만나게 되면 벼락을 피하기 위해서 칼을 빼들고 휘두를 수밖에 없다고 이야기하는 사람이 있는가 하면, 성직자들은 몸에 칼을 차지 않고 있는 것을 후회하기 시작한다고 덧붙였다. 그러나 이러한 이야기 한쪽에서 학자들은 오랫동안 이 현상에 관해서 실험을 했다. 1753년에 러시아 물리학자 리히만(Georg Richmann, 1711~1753)이 벼락을 맞아 죽고부터는 이 새로운 힘을 주의 깊게 다루어야 한다는 것을 알게 되었다.

피뢰침의 발명으로 프랭클린은 명성이 높아졌으나 이 실험을 제안하는 것에만 만족하지 않고 벼락의 전기성을 증명할 수 있는 또 다른 방법을 생각해 냈다. 즉 나는 연을 이용해서 공중전기를 찾아보자는 것이었다. 그리하여 연 하나를 만들어가지고 하늘에 구름이 가득한 어느 날 아들이 그 연을 날리게 하여 조심스레 그 결과를 관측했다. 순간 연줄이 뻣뻣하게 되는 것을 보았다. 전기가 내려오는 것이었을까? 목숨을 잃을 가능성도 있어서 조심스레 연의 한쪽 끝에 붙여놓은 쇠붙이에 손가락을 대보았다. 그러자 불꽃이 튀고, 보통 축전기 때와 같았다. 실험은 성공적이었고 증명은 이것으로 끝났다.

5. 쿨롱과 전기인력의 법칙

전기학은 여러 가지 진전이 있었는데도 중대한 결함을 드러내었다. 즉 전혀 수학적 이론이 없어서 정확한 법칙으로 전기 인력과 반발력을 설명할 수 없었다. 이들 법칙을 뉴턴 방식으로 제시해보기도 했으나 아무도 그 가정을 증명할 수 없었고, 어떻게 하면 증명할 수 있는지에 대한 아무런 의견도 없었다.

이 문제는 프랑스의 쿨롱(Charles Augustin de Coublomb, 1736~1806)이 해결했다. 그는 우선 아주 작은 힘을 측정할 수 있는 **비틀림 저울**이라는 매우 교묘한 장치를 1784년에 고안했다. 그는 이 장치를 써서 일련의 측정을 한 결과 다음 결론을 얻었다. 전기적 인력은 존재하는 전기량에 비례하며 거리의 제곱에 반비례한다는 것이었다. 이렇게 하여 정전기력의 수학적 기초가 마련되었다.

6. 동물전기에서부터 전지에 이르기까지

1714년 레오뮈르(Réaumur)는 전기가오리의 기묘한 성질에 관해서 장황한 설명을 했다. 즉 이 물고기가 갑작스럽고 심한 충격을 줄 수 있으며, 근육을 수축시키는 순전히 역학적인 현상을 본 것이었다. 이어서 딴 물고기도 이러한 성질을 갖고 있다고 지적했다. 축전기의 연구가 진전됨에 따라 학자들은 이것이 일종의 방전이 아닌가 생각했다. 사실 영국의 해부학자 헌터(John Hunter, 1728~1793)는 전기가오리를 해부하여 전기를 발생하는 복잡한 장치를 발견함으로써, 이 문제에 대한 마지막 의문을 해소했다.

이탈리아의 물리학자 갈바니(Luigi Galvani, 1738~1798)는 이 현상을 일반화할 수 있다고 생각했으며, 신경이 전달되는 것도 전기적 성질 때문이라고 생각했다. 그는 여러 실험, 특히 1790년에 다음과 같은 실험에서 그런 생각을 한 것이다. 그는 발코

니에서 몇 마리의 개구리를 고리에 걸어놓고 소나기가 오는 것을 기다렸다. 이 개구리들은 매우 조용하게 있었으나, 우연히 개구리의 척추를 꿰매어 단 금속의 고리가 발코니의 쇠붙이에 닿아서 척추, 고리, 발코니가 일종의 닫힌회로를 만들자마자 근방에는 아무런 전기도 없었음에도 급격한 경련을 일으켰다. 닿을 때마다 되풀이했다. 갈비니는 거기서 동물전기를 발견한 것으로 믿고 이론을 전개했다. 즉 뇌는 발전기의 기관이고, 신경은 도선의 역할을 하고, 근육은 축전기로서 수축을 가져오기 위해 방전할 태세를 갖췄다는 것이다.

갈바니의 이론은 우선 어느 정도의 성공을 거두었으나, 얼마 안가 그와 같은 나라 사람이며, 과거의 제자인 알레산드로 볼타(Alessandro Volta, 1745~1827)에 의해서 뒤집히게 되었다. 볼타는 두 종류의 전기(동물전기와 보통전기)의 구분은 아무런 의미가 없고, 고리와 발코니가 같은 금속으로 되었더라면 갈바니의 실험은 진전되지 않았을 것임을 지적했다. 또 충격의 원인은 개구리가 아니라 종류가 다른 두 금속의 접촉 때문이라고 이해하는 것이 좋다고 했다. 그렇다면, 개구리가 도선의 역할을 한 것뿐이므로 그것을 제거해서 순수하고 간단하게 실험할 수 있어야 한다. 즉 접촉전기를 얻기 위해서 종류가 다른 전기원판을 붙여 놓고, 또 그 효과를 증대시키기 위해서 이 엇갈린 원판을 여러 장 쌓아 올렸다. 처음에는 성공을 거두지 못했다. 그러나 이중의 원판을 분리하여 상당히 진한 염수로 적신 헝겊을 넣어 개구리 대신 중간 도선 역할을 하도록 했으며, 이 원판의 〈전지〉의 두 끝을 만지자 기대했던 충격을 얻었다(1800). 이 실험은 물리학사에서 가장 유명한 것의 하나이며, 전기를 지속적으로 얻어내는 방법을 마련한 것이었다. 전기의 발명은 중대한 대사건의 하나이며 18세기와 정전기학을 영광으로 마무리 짓고, 전류와 그의 헤아릴 수 없는 결과로 19세기에 비약이 있을 것을 약속했다.

7. 온도계

이 분야에서 빛나는 이로 우선 독일의 파렌하이트(Gabriel Daniel Fahrenheit, 1686~1740)를 들 수 있다. 그는 온도계를 정확한 기구로 만들었으며, 처음에는 알코올로, 이어 수은으로 훌륭하게 만들었다. 그것들의 눈금매기기가 제멋대로인 것 같았으나 서로 비교할 수 있었고, 항상 같은 결과를 가리켰다. 당시로는 한 공적이었다. 파렌하이트는 두 고정점을 채택했다. 즉 뚜렷한 한제(寒劑)의 혼합물(물, 소금, 암모니아)에 대해서는 0°, 녹는 얼음을 32°로 했다. 세 번째 점으로 인체를 96°로 하여 눈금매기기를 명확하게 했다. 그 후 끓는 물을 212°로 하는 것을 네 번째로 추가했다. 이 눈금매기기는 영국에서 채택되었다.

또 한 명의 전문가는 프랑스의 레오뮈르(René Réaumur, 1683~1757)이며, 그는 1730년경에 훌륭한 알코올온도계를 만들었다. 그의 눈금(녹는 얼음을 0°, 끓는 물을 80°)은 프랑스와 이탈리아에서 채택되었다.

기술의 견지에서는 온도계 구조가 개량되었으나, 여러 가지 눈금매기기 때문에 상당한 불편을 가져왔고, 공통된 눈금의 필요성을 점점 더 느끼게 되었다. 오랫동안 배타적인 애국심 때문에 각국은 자기 것을 버리려 하지 않았으나, 합리성을 찾게 되어 **100등분 온도계**를 점차 쓰게 되었다. 이것은 1742년에 스웨덴의 셀시수스(Anders Celsius, 1701~1744)가 제안했고, 현재 우리가 쓰고 있는 것이다. 그러나 영국에서는 파렌하이트 눈금을 그대로 쓰고 있다.

8. 증기기관

이것은 매우 완전하게 되었다. 다트머스(Dartmouth)에 사는 두 장인인 대장장이 뉴커멘(Thomas Newcomen, 1663~1729)과 유리공 커울리(John Cowley)는 1705년에 특허를 땄고, 실용적인 최초의 증기기관을 만들었다. 그들은 모든 선구자들의 생각을 이용할 줄 알고 있었고, 새로운 기구, 특히 주입장치를 첨가해서 기능을 가속했다.

그러나 효율은 매우 낮았다. 영국의 제임스 와트(James Watt, 1736~1819)는 일련의 합리적인 연구 끝에 이것을 개량할 수 있었다. 그는 특별한 그릇인 복수기(Condenser) 속에서 수증기를 응결시켰다. 또 복동장치를 발명하고 잘 조정할 수 있었으며(1765), 도면을 정확하게 그리고 이용할 줄 알았다. 요컨대 증기기관은 하나의 우수한 도구가 되었고, 영국의 광산과 공장에서 널리 쓰이게 되었다.

사람들은 사용범위를 넓힐 것을 원했다. 미국의 에번즈(Oliver Evans, 1755~1819)는 처음으로 철로에 시도했으나, 결정적인 것이 못되었다. 현재 자동차의 먼 조상이 되는 퀴뇨(Nicolas Joseph Cugnot, 1725~1804)의 기관(1770)도 포기되었다. 증기선은 약간의 성공을 거두었다. 1775년에 페리에(Perrier)는 센느(Seine)강에서 한 척을 진수(進水)시켰으며, 1776년에 주프르와 다방(Jouffroy d' Abbans)은 두(Doubs)강 위에서 시도하여, 유망함을 약속받았으나 용기를 지속 못하고, 곤란 속에 파산하고 말았다. 이 일을 지속한 사람은 미국의 풀튼(Rpbert Fulton, 1765~1815)이었으며, 다음 세기 초에 성공을 거두었다.

9. 음향학

음속에 관한 문제는 17세기의 여러 결과가 심히 맞지 않았기 때문에 이것을 조정하기 위해 파리의 아카데미는 1738년 세 위원인 마르발디(Marvaldi), 까시니 드 뛰리(Cassini de Thury), 라 까이유(La Caille)로 구성된 위원회를 선정했다. 그들은 최대의 신중을 기울여 실험한 결과 0℃에서의 속도가 1,038피에(즉 333미터)라고 결론지었다. 이 실험으로 뉴턴이 계산한 값이 아주 작다는 사실이 밝혀졌기 때문에 물리학자들은 크게 걱정했다. 이야기가 약간 앞지르지만 이 불가사의 열쇠를 1816년에 라플라스(Pierre Simon Laplace, 1749~1827)가 찾아냈다. 당시에는 공기가 압축, 팽창할 때 열현상이 뒤따른다는 것을 무시했으며, 이때의 단열팽창은 마리오트의 법칙보다 좀 더 복잡한 법칙으로 지배된다는 것이 증명되었다. 학자들은 이론과 실험의 일치를 가져온 이 수정을 열성적으로 환영했다.

음향학 전문가인 프랑스의 소뵈르(Joseph Sauveur, 1653~1716)는 맥놀이 현상을 설명했다. 오르간을 만드는 사람들이 오랫동안 이유도 모른 채 지내던 사실이었다. 그는 소리에 매듭과 배의 개념을 적용했으며, 조화음을 연구하고, 불가청음의 문제에도 골

몰했다. 그는 진동수가 6,400이상이거나 12미만의 소리의 진동은 우리의 귀로 들을 수 없다고 추산했다. 또 다른 전문가인 독일의 클란디(Ernst Chlandi, 1756~1827)는 평판의 진동에 관한 최초의 법칙을 제시했다. 끝으로 영국의 수학자 테일러(Brook Taylor, 1685~1731)는 1713년에 진동현의 여러 법칙을 요약하는 고전공식을 발표했다.

10. 열과 그 성질

18세기의 학자들은 열의 성질에 관해서 오랫동안 논의했다. 어떤 사람들은 그것을 무게를 달 수 있는 기체와 액체로 보고, 뜨거운 물체의 원자들의 틈 사이에 끼여 있다고 했다. 딴 사람들은 그것을 비물질의 어떤 것이라고 하고, 물체의 열은 분자의 흔들림 때문에 생긴 것으로 보았다. 그러나 논점을 딱 잘라 해결한다는 것은 쉬운 일이 아니었다. 어느 쪽에도 결정적인 논거가 없었던 것이다. 그리고 라부아지에가 단체(單體, 홑원소 물질)의 표 속에 인과 산소 외에 〈열소(Calorique)〉를 넣는 것을 보아도 놀라지 않았다. 그러나 이 열의 물질성도 한때 우세를 보였으나 땅에 떨어지고 말았다. 1798년에 대포의 구멍 뚫기가 전문인 람퍼드(Rumford, Benjamin Thompson, 1753~1814)는 열을 사실상 무한정으로 얻어낼 수 있다는 것을 주목했다. 따라서 그것을 무게를 달 수 있는 물질로 보기는 어렵게 되었고, 분자의 운동이 그것에 대한 만족스러운 설명을 가능하게 했다. 몇몇 권위 있는 사람들(특히 라플라스)이 이 관점을 발전시켰으며, 얼마 후 물질성을 앗아가고 끝맺었다.

같은 열의 분야에서 영국의 블랙(Joseph Black, 1728~1799)은 매우 중요한 새로운 두 가지 개념, 즉 비열과 융해잠열을 정확히 했다. 이 후자의 개념을 써서, 라부아지에와 라플라스는 협력하여 이 분야에서 빛나는 업적을 남겼으며, **열량계**를 발명했고, 이것 덕분에 여러 가지 비열을 측정할 수 있었다.

11. 마지막 업적

광학은 한때 제자리걸음 상태에 있었으며, 빛의 세기를 측정하는 데 쓰이는 **광도계**가 나타났다는 것만을 지적하자. 창안자는 프랑스의 부게(Pierre Bouguer, 1698~1758)이며, 그는 기본 법칙을 발견하고 측정방법을 고안했다.

국민의회 위원인 차페(Claude Chappe, 1763~1805)는 광학통신방식을 고안했으며, 프랑스 혁명 때 쓰기 시작했다(1794). 끝으로 몽골피에(Montgolfier) 형제는 더운 공기로 부풀게 한 기구를 1,000m 높이까지 올렸고, 아노네(Annonay)에 모인 비바레(Vivarais) 주의회 사람들을 놀라게 했다(1783). 같은 해에 샤를(Jacques Charles, 1746~1823)은 더운 공기를 수소로 바꾸었으며, 삘라뜨르 데 로지에(Jean Pilatre des Roziers, 1756~1785)는 처음으로 공중에 타고 올라갔다.

4장
19세기 초엽
(1800~1825)

Ⅰ. 개관

19세기에 들어서자 물리학은 커다란 번영의 시기를 경험했다. 여러 발전을 하게 되었고 여러 이론을 나타났다. 전지 덕분에 전기학은 급격하고 예기치 않은 발전을 했다. 빛의 파동론은 그때까지 든든하고 확정적인 것으로 여겨지던 낡은 입자론의 지위를 빼앗았다. 이렇게 특징적인 이론의 전복이 생긴 것은 이것이 처음이나 결코 마지막은 아니었다. 여기에다 열역학과 현대원자론의 탄생을 추가하자. 얼마나 이 시기가 풍요로웠는지를 볼 수 있다. 이 시기만으로도 앞선 모든 세기에서 보다 더 많은 새로운 것을 알아내었다.

이러한 비약의 가장 중요한 원인 중 하나는 과학연구의 확대였으며, 모든 영역으로 퍼져나갔다. 보잘 것 없는 사람들도 대학의 고도한 기능으로 교육되고, 두각을 나타내며 성공할 수 있었다. 아라고는 출납계원의, 패러데이는 대장장이의, 가우스는 정원사의 아들이었다. 프랑스에서는 이공대학이 과학문화의 전파에 커다란 역할을 했다.

동시에 과학자의 일반적인 성격도 차츰 달라졌다. 아마추어라는 하나의 부류가 차츰 없어지기 시작했다. 재판관이나 행정관이 빛나는 발견을 하면서 기분전환하는 일이 없어지기 시작한 것이다. 물론 도지사인 푸리에나 장교인 카르노 같은 사람이 여전히 두드러졌으나 점점 더 예외가 되었다. 뿐만 아니라 푸리에는 순수한 이론가여서 오랫동안 실험실에 머무를 필요가 없었기 때문에 목적에 도달할 수 있었던 것이며, 카르노는 연구에 헌신하기 위해서 사직하여야 했다. 물리학은 그것을 발달시키기 위해서는 모든 시간을 바치고, 적당한 자료를 배치하여야 하는 시기에 도달한 것이다. 대학이 점점 더 1차적인 역할을 하게 된 것은 이 때문이었다. 라플라스, 앙페르, 아라고, 아보가드로, 외르스테드는 대학교수였다. 영국에서는 대학이 당장에는 과학의 커다란 움직임에서 뒤지고 있었으나 연구실에서는 데이비와 패러데이 같은 끈기 있는 연구자가 배출되었다. 전문화가 점점 더 불가결하게 되었고, 만능 천재의 시대는 얼마 후 끝맺게 되었다. 영과 같은 특히 재능이 풍부한 학자가 아직도 모든 것을 조금씩 손댈 수는 있었으나 아무런 참다운 결론을 내리지 못하여 비난받게 된 것이다.

끝으로 이 시기의 한 특징에 주의를 환기하자. 즉 공업발전의 시작에 관한 것이다. 영국이 특히 증기기관 덕분에 본보기가 된다. 철과 면화는 상당한 확정을 이루었고, 딴 나라들도 조금씩 이러한 움직임에 뒤따랐다. 이리하여 물리학은 호기심 많은 사람들의 심심풀이에서 벗어나서 문명에 영향을 주기 시작했다. 그리고 가장 무사, 무욕한 연구가 이후 실제적인 결과를 가져올 수 있다는 것을 알게 되었다.

Ⅱ. 광학

뉴턴의 위신 때문에 그의 입자설을 거의 만장일치로 채택하게 되었다는 것을 우리는 잘 알고 있다. 물론 그 설에는 결함이 있었으나 언젠가 그것을 정확하게 알 수 있다면 모든 것을 올바르게 설명할 수 있으리라고 기대했다. 그러나 19세기 초가 되어 상황이 완전히 뒤집혔다. 파동설을 되찾기 위해서 입자설을 물리친 것이다. 이 과학혁명을 검토해 보자.

1. 영과 간섭현상

영국의 의사인 영(Thomas Young, 1773~1829)은 새로운 화제로서 이 문제를 제기했다. 조숙하며 만능인 그는 너무나 많은 분야에 손을 미친 잘못을 범했고, 때로는 거의 점쟁이와 같은 직관을 보이기도 했으나, 그의 일을 깊이 파고들지 않았던 것이다. 그는 우선 여러 가지 간섭에 관한 아름다운 실험을 했고, 그 중 하나는 〈영의 구멍〉이라고 하는 그의 이름이 붙여졌으며 이 실험을 하고나서는 1세기 이상이나 잠자고 있던 옛날 파동설을 다시 취해서 간섭현상을 설명했다. 그러나 1801년 왕립학회에서 그의 생각을 발표했을 때 묵은 이론에 결정적으로 충실한 그의 동료들의 무관심에 부딪쳤을 뿐이었다. 영은 딴 일에 종사하기 위해서 광학을 포기했기 때문에 더 그의 이론에 유의하는 사람은 없었다.

2. 말뤼와 편광

1808년에 프랑스의 장교인 에띠엔느 말뤼(Étienne Louis Malus, 1775~1812)는 아무도 만족스러운 설명을 못 붙이고 있던 복굴절의 현상을 연구했다. 즉 빙주석을 조사하고 있을 때, 그는 태양광선이 곧바로 오지 않고 룩셈부르크(Luxembourg)궁의 창문에서 반사한 후에야 그것을 통과한다는 것을 보고 이때 상당히 이상한 사실을 확인했던 것이다. 예기했던 것과 같이 2개의 상이 보이지 않고, 하나만이 보인 것이다. 없어진 상은 결정을 돌리니까 다시 나타났으나 그 대신 또 한쪽이 없어졌다. 이 새로운 현상은 창문에서 반사한 빛이 아니고는 볼 수 없었으며, 태양에서 직접 오는 빛에서는 그러한 일이 없었다. 즉 반사할 때 빛의 특성이 달라진 것이다. 그러한 변화가 겉으로 나타나지 않던 것이 빙주석을 통해서 보니까 증거를 들어내었다. 말뤼는 이렇게 **편광**을 발견했다.

매우 당황한 물리학자들은 이해할 수 없는 이 결과를 밝히려고 노력했다. 프랑수아 아라고(François Arago, 1786~1853)는 1811년에 색편광을 발견했고, 같은 나라의 비오(Jean Baptiste Biot, 1774~1862)는 선광성(旋光性)을 알아내었으며, 영국의 브르스터(David Brewster, 1781~1868)는 극대편광이 얻어지는 입사각을 알려주었다.

이 모든 발견은 순전히 실험에 관한 것이었다. 이것을 고전적인 입자론을 써서 설명하려 했으나 모든 것을 조리 있게 연결 지을 수 없었다. 낡은 뉴턴의 이론은 그 어느 때보다 무력했고, 그에 대한 학자들의 신뢰도 약간 동요되기 시작했다. 최후의 일격을 가하는 것만이 남았다.

3. 프레넬이 파동론에 승리를 가져왔다

파동론을 재건할 것인가? 사실 마침 좋은 기회이었으나 가설에 만족하고만 있어서는 안 되었다. 뉴턴의 이론을 벗어던지기 위해서는 엄밀하고 공격의 여지가 없는 이론을 완성할 필요가 있었다.

때는 마침 나폴레옹의 백일천하였다. 토목기사인 오귀스탱 프레넬(Augustin Fresnel, 1788~1827)은 공직에서 물러나 시골에 은거하고 있었다. 그는 거기서 빛의 문제를 연구하고 여가를 보내면서 훌륭한 실험가인 동시에 놀라운 이론가의 재능을 나타내었다. 그는 아무런 장치도 설비할 수 없었으나, 능란한 솜씨로 그것을 보완할 수 있었다. 2개의 거울(〈프레넬의 거울〉)로 아주 간단하게 훌륭한 간섭무늬를 얻었고, 이어서 파동론을 써서 이런 유의 현상을 정확하게 설명했다. 이 최초의 일로 그는 알려지게 되었다. 파리에 돌아가서는 필요한 자재를 마련하고 회절문제를 다루었고, 그에 관한 실험을 하며 모든 것을 멋지게 설명하기도 했다. 이리하여 1819년에는 파동론이 거의 승산이 있었다. 그러나 편광이 아직도 그것을 방해했다. 프레넬은 굴하지 않고 그 문제에 집중했으며, 광진동이 전파의 방향이 아니라 수직하게 있음을 상상했다. 즉 횡진동이지 종진동이 아니라는 생각을 했으며, 이 간단한 보조적인 가설 때문에 편광에 관한 모든 현상과 복굴절에 관한 것까지도 파동론의 한계 내에서 다시 설명할 수 있었다.

요컨대 프레넬 때문에 광학은 놀라운 통일을 갖출 수 있게 되었다. 빛의 입자를 더 생각해 보아야 기묘한 성질을 부여해서 잘 알려진 현상의 극히 일부분만을 설명할 뿐이었다. 빛은 횡진동을 하고 있으며 모든 것은 이것에서 엄밀하게 유래된다고 표현하면 충분했다. 프레넬은 한편으로는 완전한 수학적 이론을 전개하며, 또 한편으로는 그것을 증명하는 훌륭한 실험을 생각할 줄 알았고, 예견되는 결과가 역설적인 성질을 갖는 것도 밝혀내었다. 그의 이론도 얼마 안 있어 일반적으로 용인되었다. 물론 **에터**의 곤란성이 있었으며, 빛의 진동을 가능하게 하는 데 불가결한 에터가 무엇인지 잘 몰라서 이상한 성질을 부여했던 것이다. 그러나 이론을 완전하게 하는 데 꼭 필요했기 때문에, 반대에도 불구하고 아무 곤란 없이 채택했다.

우리는 이 개념의 기초가 장차 수정됨을 안다. 그럼에도 현재에 있어서도 아직 앞서 말한 현상을 설명하기 위해서 프레넬의 이론을 거의 그대로 쓰고 있다.

프레넬은 당시의 여러 사람들의 존경과 명예를 얻고, 열정적으로 일을 했으며, 여러 문제, 특히 계단식 렌즈를 발명함으로써 등대를 개량할 수 있었다(1820). 그는 초인적인 노고로 기력을 소진하고 39세의 나이로 세상을 떠났다.

4. 새로운 발견

1802년, 위대한 천문학자인 허셜(William Herschel, 1738~1822)은 태양 스펙트럼을 따라서 온도계를 이동시켜 보니까 적색부분을 넘어갔는데도 계속 가열된다는 것을 알았다. 즉 거기서 눈에 보이지 않는 빛을 받는 것이었다. 허셜은 단순히 〈복사열〉로만 생각했으나 우리는 후에 가서 이 적외선이 참다운 불가시광의 하나라는 것을 알게 되었다.

이와 어울리게 독일의 리터(Jonhann Wilhelm Ritter, 1776~1810), 이어서 영국의 울러스턴(William Hyde Wollaston, 1766~1828)은 빛의 화학작용(염화은을 검게 하는 것)이 자색을 넘어서도 계속된다는 것을 알았다. 이 **자외선** 역시 가시광선과 같은 질의 것임을 조금씩 인정할 수 있게 되었다. 이렇게 광복사는 양쪽으로의 연장을 마련한 것이다. 딴 확정은 더 후에 나타났다.

뉴턴 이래 태양 스펙트럼은 연속적이며 빨강에서 보라색까지에 아무런 결함도 없는 것으로 생각했었다. 1802년에 월래스톤은 아주 불규칙하게 띄엄띄엄 어두운 선이 있는 것을 찾아내었다. 그러나 뉴턴의 생각에 영향을 받아 그것에 아무런 중요성도 인정하지 않았고, 그의 발견은 눈에 띄지 않은 채 있었다. 그러나 독일 바이에른의 광학자 프라운호퍼(Joseph Fraunhofer, 1787~1826)는 그것을 다시금 발견했다. 그는 암전을 600개 가까이나 셀 수 있었고, 그것을 하나의 도표로 만들었다. 사람들은 여러 광선과 비교한 결과 각각 특성스펙트럼을 이루고 있음을 알았다. 점차 그러한 지식이 쌓이게 되어 후에 가서 그것을 토대로 스펙트럼 분석학을 건설하게 되었다.

5. 사진의 발명

오랫동안 사람들은 광학장치로 얻어지는 상을 종이 위에 고정시키고자 했다. 염화은이 광선으로 흑화되기 때문에 가능하리라 기대했으나 이것은 일시적인 현상이었고, 상을 정착시키지 못했다.

니세포르 니에프스(Nicéphore Niepce, 1765~1833)는 내연기관의 연구로 재산을 탕진한 후 늘그막에 이 문제를 연구했다. 그의 방법은 다음과 같았다. 라벤더유에 녹인 유대의 역청을 써서 사진판으로 바르고 어두운 방 속에 넣어두는 것이었다. 오랜 어림짐작 후에 약간의 결과를 얻었으나 양지에서 적어도 6시간이나 노출해야 했다. 1829년에는 화가인 루이 다게르(Louis Daguerre, 1789~1851)와 협력해서 연구를 계속했다. 니에프스는 목표에 도달하기 전에 사망했다. 그러나 다게르는 역청을 아이오딘화은으로 바꾸어, 1838년에는 3~4분만 노출하면 되는 상당히 성공적인 최초의 〈**다게르식**〉을 얻었다. 그의 발명으로 사진은 급격한 발전을 하게 되었다.

Ⅲ. 전기학

1. 전지

볼타가 1800년에 전지를 발명하고부터는 전기학이 놀라운 발전을 할 수 있었다. 실제로 그 후부터 전기를 연속적으로 만들 수 있게 된 것이다. 즉 전류와 그의 특성을 연구하기 위해서 정전기를 쓰는 것이 포기되었다.

전지의 모습이 상당히 빠르게 달라져 갔다. 처음에는 종류가 다른 좌철모양의 쇠붙이를 수평으로 늘어놓은 것 사이에 축축한 헝겊을 끼웠으나, 다음에는 쇠붙이를 통속의 산 또는 염의 용액 속에 넣었다. 이러한 처음의 배열을 회상하는 뜻에서 전퇴(Pile: 쌓아올린 것이라는 뜻)라는 이름이 붙게 되었다.

전지(電池)는 프랑스의 앙뜨완느 베끄렐(Antoine Becquerel, 1788~1878) 덕분에 현저히 발달했고, 그는 빛나는 과학적 혈통의 시조가 되었다. 그는 전지 자체에서 일어나는 화학현상의 중요성을 지적했다. 볼타는 그러한 것을 전혀 알지 못했다. 그 밖에 두 액체를 쓴 최초의 전지를 만들었고, 분극하지 않는다는 이점이 있어 일정한 전류를 얻을 수 있었다. 좀 늦게 영국의 다니엘(John Frederic Daniell, 1790~1845)도 그것을 새로이 발견하고 보급했다. 그것이 소위 〈다니엘의 전지〉이다.

1821년에는 또 하나의 전기발성장치를 발견했다. 종류가 다른 두 금속으로 형성된 회로의 2접점을 다른 온도로 하면, 약간의 전류가 나타난다는 것을 독일의 제벡(Thomas Johann Seebeck, 1770~1831)이 유의했다. 이것으로 이탈리아의 멜로니(Macedonio Melloni, 1798~1854)는 **열전퇴**라고 하는 극히 작은 온도차를 측정할 수 있는 예민한 장치를 고안했다. 회로의 두 접점에 온도차를 주었을 때 흐르는 전류를 **검류계**로 측정하기만 하면 된다. 이것은 이탈리아의 노빌리(Leopoldo Nobili, 1784~1835)가 발명한 훌륭한 장치이다.

2. 전기분해

전지를 손에 넣고 나서 물리학자들은 전류의 여러 성질을 연구할 수 있었고, 이어서 여러 새로운 발견을 했다. 1800년이 되자 영국의 니콜슨(William Nicholson, 1753~1815)과 칼리슬(Carlisle, 1768~1840)은 전류가 산성을 띤 물속을 지나갈 때 물을 분해해서 음극에 수소, 양극에 산소를 발생한다는 것을 확인했다. 이리하여 물질의 화학적 조성을 연구하는 새로운 수단을 얻게 되었다.

이 뜻하지 않은 부산물 때문에 이번에는 화학이 비약적 발전을 할 수 있었다. 이러한 문제의 중요성을 이해한 영국의 데이비(Humphry Davy, 1778~1829)는 매우 강력한 전지를 만들고 그것으로 아주 재미있는 연구에 몰두했다(1807). 그는 그 당시까지 단체(單體)로 생각했던 탄산칼륨을 분해했더니 금속의 작은 알맹이가 나오며 공기 중에서는 연소하는 것을 보았다. 그는 칼륨을 발견한 것이다. 이 실험은 그를 열광케 했고, 그의 동생의 말에 의하면「그는 넋을 잃은 미치광이처럼 뛰면서 방안을 돌아다녔고, 다시 돌아가서 연구를 계속할 때까지는 얼마간의 시간을 보냈다」고 한다. 그는 같은 방법으로 일련의 새로운 단체인 나트륨, 바륨, 마그네슘, 칼슘, 스트론튬을 발견했다. 물리학이 화학에 어떤 공헌을 했는지를 알 수 있다. 이것이 마지막은 아니었다.

그러나 이 모든 사실이 상당히 이상하게 생각되었다. 전류가 어째서 화학분해를 일으키는지 알 수 없었다. 독일의 폰 그로투스(von Grotthus, 1785~1822)는 1805년부터 이 문제에 관한한 이론을 전개했으나, 그러한 시도는 시기상조였다. 이들 현상의 수치적인 법칙을 줄 수조차도 없었으며, 거의 안정성인 결과에 만족했다. 이 착잡하게 엉킨 실타래를 풀기 위해서는 패러데이와 같은 위대한 학자를 기다려야 했다.

3. 앙페르와 전자기학

1819년 덴마크의 외르스테드(Hans Christian Oersted, 1777~1851)는 전기학 강의를 하고 있을 때 전기회로 곁에 우연히 놓아둔 자침이 전류가 흐를 때에는 움직인다는 것을 알게 되었다.

외르스테드의 실험은 이목을 집중했다. 물론 일반대중에게는 눈에 띄지 않고 지나갔다. 이 대수롭지 않은 발견이 우리의 장래 문명에 어떤 결과를 가져올지 어떻게 예측할 수 있었겠는가? 물리학자 자신도 그 이상은 생각하지 않고, 다만 이론적인 이유에서 그것에 관심을 두었던 것이다. 그들은 그것에서 전기와 자기 사이의 짐작할 수 없었던 관계를 발견했다. 그리고 그 현상을 정확하게 하고 관련되는 법칙을 결정하려고 도처에서 노력했다.

미분방정식에 관한 빛나는 업적으로 이미 잘 알려진 프랑스의 수학자 앙드레 마리 앙페르(André-Marie Ampère, 1775~1836)가 이 문제에 도전했는데, 이렇게 물리학에 몰두할 때 그의 나이는 45세였다. 그가 전자기학의 기본법칙을 찾아내는 데는 2개월이면 충분했고(1820), 그 후에도 계속 그것을 발전시켰다. 그는 우선 무정위자침을 발명해서 지구자기장의 영향을 제거할 수 있게 했기 때문에 전류에 의한 자기장의 연구가 손쉽게 되었다. 그는 평행한 두 도선의 상호작용을 정확히 살펴보고 무한히 작은 두 전류소의 상호작용을 표시하는 공식을 얻어내었으며, 특별한 경우(직선전류나 원전류)에 관해서 위의 공식을 적분해서 여러 법칙을 얻었고, 어느 것은 실험으로 입증하기도 했다. 그는 **솔레노이드**를 발명하여 전기학의 한 이론을 완성했으며, 〈앙페르의 오른손 나사〉라고 불리는 매우 편리한 규칙을 발표했고, 자석판의 개념을 도입했다. 요컨대 1827년부터 그는 주목할 만한 저작에서 전자기학의 기존지식을 훌륭하게 종합할 수 있었던 것이다. 이 모든 것으로 그는 〈전기학의 뉴턴〉이라는 별명을 갖게 되었다.

그러나 앙페르가 이 문제를 발전시킨 유일한 학자라고 생각해서는 안 된다. 같은 시기에 사바르(Félix Savart, 1791~1841)와 비오(Jean Biot, 1774~1862)는 실험으로 여러 중요한 결과를 얻어내었고, 라플라스는 전류가 흐르는 도선에 자기장을 걸었을 때 작용하는 힘을 계산했다. 실용적인 응용도 나타나기 시작했다. 솔레노이드를 써서 최초의 전자석을 만들었으며, 별로 센 것이 아니었으나 발전할 소지가 마련되었다.

요컨대 수년 동안에 거의 더듬거림 없이 물리학의 새로운 분야가 탄생했으며, 모든 중요한 법칙이 밝혀졌다.

4. 패러데이와 전자기유도

이 점이 밝혀지자 사람들은 반대되는 문제, 즉 자기장이 전기적 작용을 갖고 있는가, 자석으로 전기를 만들 수 있는가에 도전했다.

처음의 시도들은 실패에 그쳤다. 즉 폐회도 근방에 매우 센 자석을 놓고 예민한 검침계를 써서 아무리 자세히 조사해보아도 아무런 전류도 찾지 못했다. 그러나 1824년 영국의 젊은 학자 마이클 패러데이(Michael Faraday, 1791~1867)가 이 문제에 관한 연구를 시도했다. 처음에는 견습공으로 들어가 제본할

과학서적을 집에 갖고 가서 열중한 그였으나, 데이비의 연구실에 심부름꾼으로 들어가는 데 성공하고 나서는 얼마 안 있어 뒷바라지하는 역할에서 벗어나 개인적인 일에 손댈 수가 있었다. 이 문제의 본질을 손에 넣기 위해 7년의 노력을 요했으며, 1831년에 **전자기유도**라는 위대한 원리를 발표했다. 전류를 만드는 것은 자기장 자체가 아니고, 자기장의 변화임이 밝혀졌다. 따라서 지속적으로 전류를 얻기 위해서는 항상 자석을 움직여야 한다. 이 결과는 물리학의 일반원리, 특히 에너지보존의 원리를 써서 아주 잘 이해할 수 있다. 그러나 이러한 원리가 아직 존재하지 않았기 때문에 고명한 물리학자들도 그 결과를 얻지 못한 것은 이해할 수 있다. 패러데이는 전자기유도에만 만족하지 않고, 그 후 20년 동안 여러 분야에서 발견을 거듭했으며, 다음 장에서는 자주 그에 관해서 이야기하게 될 것이다.

패러데이의 업적을 작게 보려는 것은 아니나 같은 시기에 미국의 조지프 헨리(Joseph Henry, 1799~1878)도 독립적으로 같은 발견을 했음(1832)을 유의하자. 그밖에 그는 **자기유도**의 현상도 지적했다.

Ⅳ. 그 밖의 분야

1. 카르노, 열역학의 선구자

증기기관이 발명되고 나서 1세기 이상 지나고도 소기의 완벽성에 도달하지 못했으나 매우 만족한 상태이기는 했다. 그러나 경험적 업적에 멈추었을 뿐이며, 갖가지 모색의 결과였다. 그리고 가장 유능한 전문가들도 그 효율을 개선하기 위해서 어떤 방향으로 모험을 할지 잘 몰랐다. 증기기관에 관련되는 일반적인 원리와 여러 현상의 기본적인 법칙을 간결하게 표현하는 이론이 없었던 것이다. 이것은 물리학의 새로운 분야, 즉 열역학이 과녁이 되었다. 열역학은 1840년이 지날 때까지 나타나지 않았으나 그 이전에 이미 천재적인 선구자 사디 카르노(Sadi Carnot, 1796~1832)가 있었다.

그는 승리와 조직자라는 존칭을 가진 라자르 카르노(Lazare Carnot)의 아들이었으며, 그의 조카는 후에 프랑스 공화국의 대통령이 되었다. 그는 아버지와 조카의 두 혈족보다는 대중에 덜 알려졌으나 그의 업적은 그 못지않게 중요한 것이었고, 1824년 출판된 그의 저서 『불의 동력과 그 동력을 끌어내기에 알맞은 기계에 관한 고찰(Ŕeflexions Sur La Puissance Motrice du feu et Les Machines Propres à Développer Cette Puissance)』에는 매우 정확한 여러 주의사항이 들어있었다. 카르노는 거기서 고온열원과 저온열원을 써야할 필요성과, 기계의 동력이 이들 열원의 온도에만 관계하며 외부작용에는 무관계하다는 것을 명확하게 지적했다. 이것은 후에 가서 〈카르노의 원리〉라 불리게 되었다. 거기서는 증기기관을 순수이론으로 연구하기 위해서 상당히 도식화하고 모든 부속요소를 제거했다. 이로 인해서 사람들은 한편으로는 어떻게 하면 두 열원에 작용함으로써 효율을 개선하는지, 또 한편으로는 두 열원이 불가결하다는 것을 전제로 장치 일반에 관해서 옛날 것과는 매우 다른 딴 기계를 어떻게 만들 수 있는지를 알게 되었다.

그러나 이 기본적인 저작은 알려지지 않았다. 너무나 빨리 나타났기 때문임이 틀림없다. 카르노는 어둠속에 남겨졌고, 1832년 콜레라가 유행했을 때 그가 세상을 떠난 것을 아무도 몰랐다. 훨씬 후에 가서야 잊힌 저작을 발견하게 되었고, 저자에게 사후의 명예와 함께 물리학사에 자리가 주어졌다.

이것만이 아니다. 카르노가 쌓아놓은 출간되지 않은 논문들을 공개하고 보니까 그 속에는 열의 일당량의 근삿값과 함께 에너지 보존의 원리와 같은 또 하나의 위대한 열역학의 원리가 적혀 있었다. 따라서 카르노는 충분히 선구자의 자격을 가졌었다.

2. 원자론

오랫동안 사람들은 원자에 관해서 언급하지 않았다. 학자들은 그것을 형이상학의 산물로만 생각하고 헛된 논의에 시간을 허비하는 것을 원하지 않았다.

갑자기 19세기 초에 원자가 표면에 다시 떠올랐다. 매우 막연한 생각으로 그것을 변호하는 철학자에 의해서가 아니고, 더 견고한 증거에 의거한 화학자에 의해서였다. 영국의 돌턴(John Dalton, 1766~1844)이 배수비례의 법칙을 발표함으로써 시작한 것이다. 단체의 입자는 무한정으로 분할할 수 없고, 탄소의 1개 원자는 1개의 또는 2개의 산소원자와 결합하며 어떤 중간 개수의 결합도 할 수 없다는 것을 가리키고 있다. 돌턴은 따라서 각 단체가 같은 종의 원자로 이루어지고 있으며, 화합물의 분자는 (연속체의 가설에서와 같이) 성분물질이 침투한 것이 아니고, 각각의 원자가 일정불변한 양식으로 배열되어 있다고 생각했다.

이 가설 때문에 모든 화학반응이 간단하고도 멋지게 설명되었다. 그러나 1900년경까지도 이 가설은 논란이 되었다. 여러 학자들은 실증적인 결과를 요구하고, 가설적이고 잘 알 수도 없는 원자에 관한 이야기를 듣는 것을 원치 않았다. 그러나 반대로 돌턴의 생각을 발전시킨 사람도 있었다. 이탈리아의 아보가드로(Amedeo Avogadro, 1776~1856)는 1811년에 어떤 주어진 부피와 압력 하에서 모든 기체는 같은 수의 분자를 갖고 있다는 것을 발표했고, 앙페르는 1814년에 이 결과를 확인했다 (따라서 아보가드로-앙페르의 가설이라 불린다).

영국의 식물학자 로버트 브라운(Robert Brown, 1773~1858)이 1827년에 한 기이한 발견도 유의해 두자. 그는 한 액체 위에 뜨게 한 고체입자를 현미경으로 관찰했더니, 한 자리에서 완전히 무질서하게 진동할 때와 같이 지속적으로 불규칙한 운동을 하는 것을 보았다. 이 **브라운운동**은 훨씬 후에 가서 원자론에 유리하게 해석되었다. 그것은 떠 있으면서 자신도 매우 빨리 움직이는 입자의 근방에 있는 무수한 분자들이 사방에서 다가와서 심하게 부딪치는 계속적인 충돌이 겉보기에 나타나는 결과를 본 것이다.

3. 푸리에급수에서 최초의 철도에 이르기까지

이 시기의 물리학의 발달에 관한 나머지 부분을 살펴볼 일이 남았다.

이때까지 열의 전파 문제는 거의 연구되지 않았다. 상당히 거친 근사나 정성적인 결과에 만족할 뿐이었으며, 실험을 하기가 용이하지 않았기 때문이었다. 이 문제는 수학자이며 행정관이기도 한 푸리에(Jean Baptiste Fourier, 1768~1830)가 순전히 이론만으로 해결했다. 열의 본성에 관해서 아무런 고찰을 하지 않고 우선 열의 전파에 관한 기본법칙을 발견했고, 곧이어 어떤 방정식을 유도하여 그것의 해로서 문제의 열쇠를 얻으려는 것이었다. 그것만으로는 불충분했다. 이 방정식을 적분할 줄을 몰랐기 때문이었다. 그러면 문제를 해결할 수 없었는가? 그때 알고 있던 수학적 도구가 불충분함을 깨닫고, 푸리에는 소위 〈푸리에 급수〉를 발명함으로써 새로운 길을 가다듬고, 때마침 그것으로 열의 전파에 관한 기본적 논문을 발표할 수 있었다(1812). 푸리에 급수는 다른 분야, 특히 음향학에서도 유효하다는 것이 곧 밝혀졌다.

독일의 유명한 과학자 가우스(Johann Karl Gauss, 1777~1855)의 업적에 관해서도 언급하겠다. 그는 자성의 수학적 이론의 기초를 세우고, 또 자석의 여러 자성을 간단하게 측정하는 방법을 발표하기도 했다.

모든 자연현상을 정확하게 설명하는 매우 간단하고도 일반적인 법칙이 존재한다고 옛날 사람들이 믿고 있었듯이, 마리오트의 후계자들은 모든 기체와 모든 압력에 대해서 그의 법칙을 일반화할 수 있을 것으로 믿었으나 실제로는 많은 기체가 그 법칙에 따르지 않음을 알게 되었다. 외르스테드는 1826년에 그것을 황의 기체에서 알았으며, 많은 비슷한 관찰을 같은 시기에 할 수 있었다. 적어도 공기에 대해서는 증명될 수 있었을까? 그것을 알기 위해서 뒬롱(Pierre Louis Dulong, 1787~1838)과 아라고는 앙리 4세 학원의 탑 안에서 일련의 정확한 실험을 했다. 그들은 27기압까지 올려보았으며, 마리오트의 법칙에서 약간 벗어남을 인정했으나, 실험오차로 돌릴 수 있다고 생각했고, 그 유명한 법칙이 성립된다고 믿었다. 그러나 뒤에 가서 실제로는 법칙이 제한된 것이며, 완전기체에만 적용된다는 것을 알게 되었다. 뒬롱은 이 연구를 하는 과정에서 훌륭한 측정 장치인 **카테토미터**를 발명했다.

사람들은 기체의 열팽창도 연구했으나, 그 당시까지 공표되었던 결과들은 서로 모순된 것이었다. 게이뤼삭(Joseph Louis Gay-Lussac, 1778~1850)은 여러 종류의 기체를 주의 깊게 실험해보고, 모두가 같은 방법으로 매우 간단하게 팽창한다는 것을 확인했다(게이뤼삭의 법칙). 뒤에 가서 보게 되는 바와 같이 이것도 마리오트의 법칙과 같이 실제로는 완전기체에 대해서만 성립한다.

음속의 측정도 했다. 한 위원회가 구성되어 전에 했던 것과 같이 빌르쥐프(Villejuif)와 몽레리(Montlhéry)가 다시 측정한 결과 10℃때의 공기 중의 음속이 337.2m임을 알았다(1822). 다른 물질 속에서의 측정도 해보았다. 뒬롱은 여러 기체 속에서 해보았고, 비오는 금속 중에서의 측정을 시도했다. 꼴라동(Colladon)과 스뛰름(Sturm)은 1827년에 주네브호에서 처음으로 수중의 정확한 음속측정을 했다. 음향학의 이야기를 끝내기 전에 1809년의 까냐르 드 라뚜르(Charles Cagniard de Latour, 1777~1859)의 사이렌의 발명에 유의하자.

마침내 철도가 모습을 나타냈다. 오랜 시도 끝에 영국 사람들은 1802년에 목적에 도달했고, 최초의 철도가 광산지대에서 석탄을 수송했다. 스티븐슨(George Stephenson, 1781~1848)은 기관차를 개량했고, 여객을 태운 열차가 순회하기 시작했으며, 1830년에는 런던-맨체스터선이 개통되었다. 이를 위해서 파팽 이래 1세기 반의 연구를 거듭했다. 프랑스에서는 약간 뒤늦게 이 새로운 발명을 채택했다. 최초의 노선은 리옹과 생 에띠엔느 사이에서 1826년에 개통되었으며, 최초의 여객열화가 1837년에 파리와 생제르맹을 연결했다. 이 노선의 정부허가를 얻기는 간단한 일이 아니었다. 의회에서 의원들은 터널 때문에 늑막염이 유발된다고 발표했다. 그 이후 철도가 발달되고, 현재 우리가 알고 있는 바와 같이 점차 유력한 수송수단이 되었다.

5장
패러데이에서 맥스웰까지
(1835~1880)

지금 우리가 보고자 하는 시기에서는 물리학이 크게 발전했음을 안다. 물론 앞 시대와 같이 새로운 분야의 학자들에 의한 감동적인 발견은 더 이상 없었다. 오히려 정리하는 것이 문제였다. 점점 전문화된 물리학자들은 각 분야, 특히 1800년 이래 여러 사실이 무질서하게 축적된 전기에서 정확한 법칙을 얻고자 노력했다. 광범한 종합이, 특히 다음 두 가지에서 완성되었다. 즉 하나는 열과 에너지 현상이 열역학에 의해서 조직화된 것이며, 또 하나는 전기학, 자기학, 광학이 놀랄 만한 전자기이론으로 통일된 것이다. 이 두 가지 종합은 물론 이 시대의 가장 커다란 수확이었다.

이론가(대부분의 대학인)들이 그들의 맵시내기를 추구하는 동안 기술자들은 실제적인 응용문제에 주력했다. 물리학은 사람들이 점차 깨닫게 되었듯이 호기심 많은 사람들의 장난감이 아니었다. 여러 발명, 즉 철도, 사진, 전등, 발전기, 전신, 전화 등이 일상생활에 침투했다. 기계의 사용은 끊임없이 발전해가는 공업에 보급되었으며, 점차 많은 무산계급을 만들어냄으로써 사회구조를 뒤죽박죽으로 만들었다. 문명은 하나의 전환점에 있었다.

그리고 특히 만족감, 안정감, 장래에 대한 신뢰감이 감돌았다. 이론역학이 너무나 빛나는 성공을 거두었기 때문에 그것에서 더할 나위 없는 미래의 희망을 찾았다. 역학으로 모든 것을 설명할 수 있을 것으로 생각한 것이다. 대부분의 학자는 결정론자였으며, 막대한 수의 엄격한 미분방정식의 계로 기술되는 것과 같은 미래를 상상했다. 어떻든 1880년경에는 광학, 전기학, 열학, 자기학 등 모든 분야에서 마지막으로 불분명한 것이 얼마 안 있어 해소될 운명에 있었으며, 절대적인 단계에 거의 도달된 것처럼 보였다.

우리는 다음 시기에 가서 이러한 개념이 어떻게 뒤집히게 되었는지를 볼 것이다.

1. 전기학의 법칙

이 분야에서는 수량적인 법칙을 확립함으로써 점차 질서를 잡기 시작했다.

1826년에 이르러 독일의 옴(Georg Simon Ohm, 1787~1854)은 전류의 세기를 회로의 저항과 전압을 함수로 하는 유명한 법칙을 발표했고, 1834년에 프랑스의 푸이에(Claude Pouillet, 1791~1868)는 이 법칙을 다시 발견했고, 그것을 완전하게 했다. 도체에서 발생하는 역량에 관한 또 하나의 중요한 법칙이 영국의 줄(James Prescott Joule, 1818~1889)에 의해서 1841년에 발표되었다. 전기분해의 분야는 패러데이에 의해서 명백해졌다. 1833년경 그는 변화성이 매우 많은 여러 현상을 정량적으로 표시하는 법칙을 알아내었다. 끝으로 전자기유도가 다음으로 체계화되었다. 러시아의 렌츠(Heinrich Friedrich Lenz,

1804~1885)는 그의 이름을 붙여 〈렌츠의 법칙〉을 발표했다.

동시에 패러데이는 (전기나 자기의 인력과 같은) 원격작용을 설명하려고 노력했다. 자기량이 존재하면 그것을 둘러싼 공간을 변화시키고, 새로운 성질을 부여해서 **자기장**을 만든다고 생각하게 되었다. 그의 업적은 조숙하고 지극히 투철한 재능의 소유자이자 같은 나라 사람인 맥스웰(James Clerk Maxwell, 1831~1879)에 인계되었다. 그는 자기나 전기의 작용이 순간적으로 전파하는 것이 아니라, 어떠한 속도, 더구나 아주 큰 속도로 전파한다고 추정했고, 모든 전기나 자기 현상의 법칙을 압축한 형식으로 내포하는 유명한 **맥스웰방정식**을 기술했다. 이 종합화는 이전의 여러 법칙의 동화를 훌륭하게 종결지었다.

2. 맥스웰의 빛의 전자기이론을 세웠다

1845년 패러데이는 **자기편광**을 발견했다. 이것은 자기장이 편광에 대해서 전에는 보지도 못했던 방법으로 영향을 미치는 것을 알게 된 현상이다. 이미 노인이 된 그는 이 문제에 깊이 파고들지 않았으나, 맥스웰이 그것을 이어받아 이미 발표한 몇몇 착상을 다시 취해서 논리적이며 일관된 이론을 발전시키고 조직화했다.

전기나 자기의 작용은 일종의 파동과 같이 전파한다고 그는 선언했다. 그렇다면 이 작용의 전파속도는 얼마인가? 맥스웰의 방정식은 그것이 전하의 정전단위를 전자기단위로 나눈 몫과 같다는 것을 가리켰고, 이 몫은 충분한 정확도로 빛의 속도와 같았다. 즉 광파와 전자기파는 같은 속도로 전파하는 것이다.

맥스웰은 한발 더 나아가 이 두 종류의 파동이 유사할 뿐만 아니라 같은 것임을 단정했다. 즉 매우 큰 진동수로 주기적으로 변하는 자기장과 전기장의 연관에 의해서 광파를 표현할 수 있었으며, 이 변화는 초당 300,000㎞의 속도로 전파하는 것이었다.

따라서 프레넬의 이론은 버려지지 않았고, 모든 계산도 보존되었다. 그러나 주기적 현상의 해석은 수정되었다. 에테의 역학적 진동은 더 이상 문제되지 않았고, 그때부터 그의 존재는 흐려지기 시작했다. 맥스웰의 이론은 훨씬 추상적인 것이었으며, 또한 방정식을 한 줄로 늘어놓은 것이었다.

사람들은 이 빛의 전자기설의 중요성을 깨닫게 되었다. 그러나 학자들은 그 점에 관해서 회의를 나타내었다. 그것은 실질적으로 실험적 기초가 부족했기 때문이었다. 전기적 또는 자기적 작용이 맥스웰이 지적한 절차에 따라 전파하는 것을 본 사람이 아무도 없었다. 결국 그는 자기의 이론을 성공적으로 확인하지 못한 채 1879년에 작고했다.

그러나 조금씩 실험의 검증이 실현되었다. 특히 맥스웰이 생각한 전자기적 교란이 1888년에 발견된 것을 들어야겠다. 다음 장에서 이 헤르츠파에 관해서 다시 언급하겠다. 더욱이 빛의 속도와 전기량의 단위가 점점 더 정밀하게 측정되어서, 맥스웰이 주장한 결과가 더욱더 정확하게 증명되었으며, 결국 그의 이론이 인정받게 되었다.

3. 전기의 여러 가지 발명

물리학자는 순수이론 이외에 전기학의 여러 가지 실제 응용에 관심을 두었기 때문에 놀라운 발전을 하게 되어 사회로 진출하기 위해 실험실을 떠났다.

우선 **전기도금법**이 있었는데, 전기분해를 직접 응용한 것이었다. 초기에는 금속심전물이 불규칙하고 가루 모양이었으나 기술의 발달로 그 모든 것이 개량되었다. 상트페테르부르크(현재의 레닌그라드)에서 야코비(Jacobi, 1801~1875)는 만족한 결과를 주는 금속판을 얻어내었다.

전신도 여러 발명과 같이 몇몇 학자들에 의해서 동시에 실현되었다. 영국의 휘트스톤(Charles Wheatstone, 1802~1875), 독일의 슈타인하일(Carl August von Steinheil, 1801~1870), 특히 미국의 모르스(Samuel Morse, 1791~1872)의 발명을 들 수 있다. 모르스는 1835년 뉴욕 대학에서 그의 전신기를 작동시켰으며, 1844년에는 볼티모어와 워싱턴을 연락할 수 있었다. 그의 장치가 아주 독창적이었기 때문에 그때 이래 아무런 본질적인 수정도 가해지지 않았다.

다음에는 **전화**가 있다. 프랑스의 한 단순 노동자 부르슬(Charles Bourseul, 1829~1912)은 오랫동안 이 문제를 연구하여 거의 성공할 뻔했다. 미국의 그래험 벨(Alexander Grahanm Bell, 1847~1922)과 엘리셔 그레이(Elisha Grey)는 한층 더 성공을 거두어 1876년에 최초의 전화가 실현되었다.

그리고 모든 분야에서 여러 장치가 출현했다. 1841년 브레게(Louis François Bréguet, 1804~1883)와 마송(Masson)은 **유도코일**을 발명했으며, 이것은 현재의 변압기의 전신으로 독일의 룸

코르프(Heinrich Daniel Ruhmkorff, 1803~1877)가 완전하게 했다. 1859년에 프랑스의 아마추어 발명가 플란테(Gaston Planté, 1834~1889)가 **축전지**를 발명했다. 검류계, 전류계 등의 측정기구도 개량되었다. 이 분야에서는 영국의 윌리엄 톰슨(William Thomson, 1824~1907)이 유명하고 켈빈 경(Lord. Kelvin)의 이름으로 작위를 받았다. 끝으로 미국의 에디슨(Thomas Alva Edison, 1847~1931)은 1879년 **백열전등**을 발명했다. 이 놀라운 발명 때문에 세상 사람들은 대규모로 전지조명의 혜택을 받게 되었다.

그러나 이 모든 발명 중에서도 가장 중요한 것은 확실히 **발전기**의 발명이었다. 이것을 실현하기 위해서 얼마나 많은 노력을 기울였으며, 얼마나 많은 시도가 허사로 돌아가버렸는지! 벨기에의 한 노동자 그람(Zénobe Théophile Gramme, 1826~1901)이 결국 그것을 해내었고, 1871년 만족스러운 발전기를 만들었으며, 이론가들은 그것이 작동하는 것을 보고 놀랐다. 이 〈그람의 기계〉는 두 가지 의미의 기능성을 갖고 있었다. 역학에너지(예로서 폭포의 에너지)를 전류로 바꿀 수 있다는 것과 다음에 전류를 먼 거리로 한번 옮겨 놓고 그것으로 전동기를 회전시키는, 즉 거꾸로 일을 하게 하는 것이었다. 여기에 이 발명의 커다란 이익이 있었다.

4. 광학의 발전

마침내 순전히 물리적인 방법으로 빛의 속도를 측정할 수 있게 되었다. 그때까지는 뢰머의 옛날 천문학적 방법밖에 몰랐다. 프랑스의 두 학자 푸코(Jean Foucault, 1819~1868)와 피조(Armand Fizeau, 1819~1896)가 이 문제에 전념했다. 처음에는 협력해서 일했으나, 후에 사이가 나빠졌기 때문에 그들의 노력은 조각이 나서 성공이 얼마간 늦어지고 말았다. 처음에 성공한 것은 피조였다. 그는 **톱니바퀴**의 방법을 써서 쉬레느(Suresnes)와 몽마르트르(Montmartre) 사이의 8㎞ 되는 거리를 빛이 왕복하는데 필요한 시간(1만 분의 1초 이하)을 측정했다. 그는 초당 315,000㎞의 속도를 알아내었다(1849).

그 다음 해에 푸코는 **회전경**의 방법이라는 훨씬 더 정확한 방법을 알게 되어 빛이 몇 m의 거리를 왕복하는데 필요한 시간도 측정할 수 있게 되었다. 그 결과 초당 298,187㎞의 수치를 얻었으며, 오늘날의 299.762㎞(유사한 방법으로 1932년에 얻은 값)와 비교해서 상당히 정확한 것이었다. 푸코의 방법은 그밖에도 다음과 같은 큰 이점이 있었다. 즉 매우 짧은 거리에서 실험이 되므로 딴 매질에서의 광속을 얻을 수 있었고, 놀라운 솜씨의 실험가인 푸코 스스로 물속에서의 광속이 초당 221,000㎞임을 알아냈다. 이 값은 공기 중에서보다 작으며, 이로 말미암아 2세기가 지나서 데카르트보다 페르마의 생각이 정당하다는 것이 밝혀졌다.

그가 발명한 열전지 덕분에 멜로니는 1830년부터 적외선복사에 관한 장기간의 연구에 몰두할 수 있었다. 그는 적외선이 보통 광선과 완전히 똑같이 반사와 굴절을 한다는 것을 알아내었고, 그것이 눈에 보이지는 않으나 참다운 광선이라고 결론지었다. 이 분야에서 스펙트럼선의 연구는 **볼로미터**가 고안됨으로써 용이하게 되었다. 이 실험장치는 미국인 랭글리(Samuel

Langley, 1834~1906)가 1881년에 발명했으며, 100만 분의 1도를 측정할 수 있는 감도를 가졌다. 이와 유사한 연구가 자외선에 관해서도 행해졌고, 보통광선과 같은 성질이 있으나 역시 눈에 보이지 않는 광선으로 생각되었다.

끝으로 1869년 끄로(Cros, 1842~1888)와 뒤꼬뒤 오롱(Ducos de Hauron)은 3색법에 의해서 컬러사진을 실현했다.

5. 스펙트럼 분석의 시작

19세기 초기의 발견들이 제기한 의문점 중에서 오랫동안 해답 없이 남아 있는 것이 하나 있었다. 태양 스펙트럼 중의 미세암선의 존재에 관한 것이었다. 사람들이 그것을 주의 깊게 다시 살펴본 결과 어떤 것은 이미 알고 있는 단체가 내는 휘선(선 스펙트럼에서 밝게 빛나는 선)과 완전하게 일치한다는 것을 알았으나 모든 것을 정리할 수 없었다.

해결이 요망되는 이 문제점을 두 사람의 독일학자 키르히호프(Gustav Robert Kirchhoff, 1824~1887)와 분젠(Robert Wilhelm Bunsen, 1811~1899)의 장기에 걸친 긴밀한 협력으로 해명했다. 이 문제에 키르히호프가 발명한 **발광기**와 분젠이 만든 특별한 분화기(분제등)를 이용했다. 그들은 각 단체가 제각기 특성 스펙트럼선을 갖고 있으며, 이 선이 그것을 연구하는 환경에는 무관하다는 것을 명백하게 표명했다. 그들 이전에도 소박하게 존재하던 생각이었다. 따라서 모르는 물체에서 방출되는 스펙트럼선을 연구함으로써 그것을 분석하는 간편한 방편이 마련되었다. 그밖에 그들은 스펙트럼선의 반전이라는 중요한 현상을 발견했다(1860). 즉 단체는 그것이 방출할 수 있는 스펙트럼선을 정확하게 흡수한다는 것이었다. 이것으로 태양 스펙트럼 중의 암선의 존재가 설명되었고, 태양의 대기가 우리 지구에서 찾을 수 있는 것과 동일한 단체로 형성되었다는 것이 밝혀졌다.

이렇게 스펙트럼 분석법이 탄생했고, 물리학이 화학에 새로운 공헌을 할 수 있게 되었다. 그뿐만 아니라 그 방법으로 새로운 단체를 발견할 수 있었다. 분젠과 키르히호프는 1860년 이래 슈타스푸르트(Stassfurt)의 암염을 조사한 결과 미지의 스펙트럼선을 발견했는데, 그 안에 미지의 물질이 존재하기 때문이라고 결론지었다. 결국 오랜 분리작업으로 그 속에서 루비듐과 세슘을 얻어내었다. 다른 화학자들도 이 효과 있는 방법에 뒤따랐다. 영국인 크룩스(William Crookes, 1832~1919)는 1862년에 탈륨을 발견했고, 독일 사람인 라이히(Ferdinand Reich, 1792~1882)와 리히터(Hieronymus Richter, 1824~1898)는 1864년에 인듐을, 프랑스 사람인 르꼬끄 드 브와보드랑(Paul Lecoq de Boisbaudran, 1838~1912)은 1876년에 갈륨을 발견했다.

천문학자들도 이 방법을 놓치지 않았다. 그들의 장치에 분광기를 부착해서 여러 별의 스펙트럼을 조사하고 화학성분을 추정할 수 있었다. 이것은 반세기 전까지만 해도 꿈같은 일이었다. 1868년 영국의 로키어(Joseph Norman Lockyer, 1836~1920)와 프랑스의 장상(Pierre Jansen, 1824~1907)은 동시에 태양 스펙트럼 속에 예기치 않던 선을 관측하고 태양 둘레에 모르는 물체가 존재한다고 결론지었으며, 사람들은 헬륨이라 명명했다. 이 결과는 영국의 램지(William Ramsay, 1852~

1916)에 의해 1895년 확인되었는데, 그는 지구 위에서 헬륨을 발견했다.

이것만이 전부가 아니었다. 스펙트럼 분석 덕분에 지구에 대한 별들의 상대속도를 정할 수도 있었다. 사실인즉 오스트리아의 도플러(Christian Doppler, 1803~1853)는 1842년에 한 원리를 발표했으며, 피조가 1848년에 정확하게 한 것인데, 파동을 발사하는 원천이 관측자에 대해서 이동할 때에는 본래의 진동수와는 다른 겉보기의 진동수가 관측된다는 것이었다. 이 **도플러-피조효과**가 천체에서 날아오는 광파에 적용될 때 스펙트럼선이 약간 어긋남을 해석할 수 있었고, 그 어긋난 정도로 천체의 운동을 정할 수 있었다. 이렇게 해서 1868년 처음으로 별의 속도가 측정되었다.

6. 열역학의 탄생

돌이켜 볼 때 라부아지에에게는 〈열소〉가 파괴될 수 없는 유체였으나, 반대로 딴 학자들은 열을 발생하게 하거나 소멸시킬 수 있다고 생각했다. 이 두 번째 관점은 카르노가 그 생애의 마지막에서 채택한 것이었고, 오랫동안 간행되지 않았던 그의 마지막 노트에 기록되어 있었다. 거기에는 열과 일이 서로 변환할 때 비례한다는 기본적인 개념도 첨가되어 있었다. 좀 지나서 통상보일러의 발명가인 프랑스의 마크 세컨(Marc Seguin, 1786~1875)도 같은 생각을 표명했으나 호응을 얻지 못했다.

결국 1842년 독일의 로버트 마이어(Julius Robert Mayer, 1814~1875)는 「무기자연계의 힘에 관해서(Sur Les Forces de

La Nature Inorganique)」라는 논문에서 열과 일의 동등성의 원리에 대한 최초의 정확한 발표를 했다. 이 논문은 매우 대담한 것이었으나 논지의 명료함은 감명을 자아냈다. 게다가 각 방면에서 이 관점에 가담하기 시작했으며, 영국의 줄도 이 설을 변호했다. 능란한 실험가인 줄은 화학 당량(當量)*의 만족할만한 수치를 얻었다. 이 새로운 생각은 마침내 필요 불가결한 것으로 되었다.

이것은 재빨리 발전되었다. 1843년 영국의 그로브(William Robert Grove, 1811~1896)가 열, 운동, 빛, 전기 사이의 상호 변환을 설명했다. 독일의 헬름홀츠(Hermann Helmbholtz, 1821~1894)는 박식한 최후의 한사람이었으며, **에너지**가 실체는 같으며 모습이 다를 뿐이고 총량은 불변이라고 생각하여 논쟁을 제기했고, 1847년 극히 일반적인 형식으로 동등의 원리를 주장했다.

열역학을 완전하게 하기 위해서는 제2의 기본원리가 남았다. 앞서 말한 카르노는 그것을 이미 언급했으나 그의 업적은 알려지지 않고 묻혔다. 그의 친구인 클라페롱(Benoit Clapeyron, 1799~1864)은 그것을 부활하려 했으나 실패했다. 그러나 클라우지우스(Rudolf Clausius, 1822~1888)는 따로 그것을 발견하고 더욱 일반적으로 더욱 수학적인 형식으로 표현하는 데 성공했다. 그는 특히 이론적으로 중요한 개념인 **엔트로피**를 도입했으며, 카르노의 원리는 고립계의 엔트로피가 증가해갈 뿐임을 밝혔다. 한편 켈빈 경도 비슷한 결론에 도달했으며 거기에 절대

---

* 수소1 원자량이나 산소8 원자량과 직, 간접으로 대등하게 화합하는 다른 원소의 물질량

온도의 개념을 첨가했다. 요컨대 두 원리가 물리학에서 자리를 굳히게 된 것이다.

이렇게 해서 열역학의 굳건한 기초를 얻게 되었다. 이 새로운 과학에는 전진만이 있을 뿐이었다.

7. 기체운동론

클라우지우스는 열역학을 연구하는 과정에서 다니엘 베르누이(Daniel Bernoulli, 1700~1782)가 1738년에 시사하고 나서 1세기 이상이나 지난 묵은 생각을 다시 하게 되었다. 즉 기체를 구성하는 무수한 분자에 역학의 법칙을 적용한다는 것이다. 이 분자는 작은 당구공과 같이 서로 충돌을 해서 딴 방향을 향하게 되는 등의 운동을 한다. 처음에는 분자의 수가 많다는 것이 사태를 복잡하게 하는 것 같았으나 기체운동론을 확립할 수 있는 것은 바로 이 때문이었다. 통계학의 도움으로 분자를 연구한 것이다. 확률론과 대수의 법칙은 이 연구에 매우 적합한 것이었다. 이 새로운 분야를 건설한 것은 클라우지우스만이 아니었다. 맥스웰, 미국의 깁스(Josiah Willard Gibbs, 1832~1903), 그밖에 여러 사람이 커다란 공헌을 했다. 분자의 움직임에 의한 열, 브라운 운동, 기체의 팽창, 벽에 작용하는 압력 등의 여러 현상이 매우 잘 설명되었다. 정성(定性)*적인 생각에만 만족하지는 않았다. 확률론으로 여러 식을 쓸 수 있었고 마리오트-게이뤼삭(=보일-샤를)의 법칙을 다시 얻을 수가 있었다. 네덜란드의 판 데르 발스(Johannes van der Waals, 1837~1923)

---

* 물질의 성분이나 성질을 밝히어 정함

는 마리오트의 법칙을 더욱 만족스러운 또 하나의 공식으로 정확하게 했고(1873), 오스트리아의 볼츠만(Ludwig Edward Boltzmann, 1844~1906)은 지극히 추상적인 엔트로피의 개념을 설명하는데 성공했다. 이렇게 기초가 닦여진 통계역학은 몇 가지 난처한 처지를 겪었으나 훨씬 후에 양자의 도입으로 해결할 수 있었다.

어떻든 물리학의 법칙에 새로운 광명이 던져졌으며 그 후부터는 물리법칙이 특히 통계적 가치를 갖는 것으로 보았다. 물리법칙은 한편으로는 알 수가 없고 또 그 자체를 관측할 수 없는 원자적 척도에서 성립하는 여러 결과로부터 유래할 뿐이었다. 그것이 우리의 척도에서 총괄적 귀결을 한 것이 우리가 아는 물리법칙이다. 따라서 대수의 법칙 때에만 고전법칙이 성립하는 것이었고, **확실도**가 매우 크게 되는 것이다. 그러나 이 확실성은 옛날의 결정론에서 생각했던 것만큼 본질적인 것은 아니었다. 매우 새로운 이 과점이 처음에는 뚜렷한 것이 아니었으나 20세기에 들어서서 다시금 유력한 영향력을 갖고 등장하게 된다.

8. 기체의 압축성

기체운동론으로 마리오트의 법칙이 개량되는 동안에 실험연구를 통해서 결국 그것이 하나의 근사법칙일 뿐이라는 것을 알게 되었다. 결정적인 일격은 프랑스의 기사 르뇨(Henri Victor Regnault, 1810~1878)에 의해서 가해졌다. 그의 치밀한 연구로 마리오트의 법칙은 각 기체에 대해서 극히 제한된 범위에서만 성립한다는 것이 명백하게 밝혀졌다. 르뇨는 동일한 정성을 들여서 그 언저리의 여러 문제들, 가령 비열, 열팽창, 상태변화 등을 연구했다.

르뇨는 약 30기압을 거의 넘지 못했으나 그 후 기술의 발달 덕분에 훨씬 넘는 연구가 추진되었다. 프랑스의 까이유떼(Louis Paul Cailletet, 1832~1913)는 수백기압까지 조작했고, 아마가(Émile Halaire Amgat, 1841~1915)는 3,000기압까지 도달해서 광범위한 등온곡선망을 추적할 수 있었다.

9. 기체의 액화

파렌하이트 이래 저온기술은 거의 발달하지 않았다. 몇 가지 한제(寒劑)*가 알려져 있었으나 그것으로 훨씬 낮게는 할 수 없었다. 패러데이는 1823년 이래 기체를 액화하기 위해서는 센 압력과 생각을 배합하면 된다는 것을 알고 있었고, 따라서 염소, 이산화탄소, 염화수소 등을 액화했다.

1834년 저온기술은 커다란 발전을 했다. 틸로리에(Thilorier)는 미리 액화한 밀폐된 **이산화탄소**를 갑작스럽게 팽창시킴으로써 드라이아이스를 얻었다. 희고 가벼운 고체이며 조금씩 승화했는데, -79°를 얻었다. 패러데이는 이 방법에 사로잡혀 개량하여 -110°에 도달했으며 그 결과 새로운 기체 에틸렌을 액화했다. 그러나 수소, 산소, 질소, 메탄, 일산화탄소, 이산화탄소는 액화되지 않았다. 패러데이는 이것들을 영구기체로 불렀으나 단지 기술부족 때문일 것임을 알고 있었고 언젠가는 그것들

* 두 종류 이상의 물질을 혼합한 냉각제

이 액화되고 고체화될 것이라고 예언했다.

그의 후속자들이 이 여섯 기체의 액체 상태를 얻기 위해서 점점 더 큰 압력을 가했으나 모두 실패했다. 그러나 1863년에 앤드루즈(Thomas Andrews, 1813~1885)는 이 내용을 다음과 같이 설명했다. 각 기체에는 **임계온도**가 존재하며, 그 온도 이상에서는 어떤 압력을 작용하여도 액화가 불가능하다. 따라서 문제가 옮겨져서, 극저온의 기술을 개량하여야 했다. 1878년에 까이유떼는 압축에 이온 급격한 팽창으로 그것에 성공했고, 그 결과 이슬 모양의 작은 액체 방울을 얻었다. 우리는 얼마 안 되어 저온기술의 발달로 이방법이 개량되어 영구기체가 액화되는 것을 보게 될 것이다.

10. 마지막 업적

1851년에 푸코가 판테온 사원에서 한 고전적 실험에 주목하자. 그는 길이가 약 60m인 진자를 매달아 흔들게 하여 진동의 연직면이 천천히 도는 것을 확인했다. 이 결과 지구가 지축 둘레로 회전한다는 것을 간단하고도 솜씨 있게 증명했다.

끝으로, 음향학도 발달했다는 것을 첨가하자. 헬름홀츠는 음색을 배음의 겹치기에 의해서 설명했고, 가청음의 한계를 연구했으며, 음의 여러 성분을 식별할 수 있게 하는 공명기에 그의 이름을 붙였다. 또 리사주(Jules Antoine Lissajous, 1822~1880)는 여러 진동운동의 성분을 매우 재치 있는 광학적 방법을 써서 연구했다.

6장
19세기 말
(1880~1900)

1880년경, 사람들은 물리학이 거의 완성되어 커다란 발견의 시대는 끝난 것으로 보았다. 여러 원리가 확립되고, 여러 법칙이 밝혀지기 시작하여 이론을 확정적으로 정리하고 실제적인 응용을 발전시키는 것 이외에는 더 남아 있는 것이 없다고 믿었다. 연구자들은 미개척의 분야가 별안간 눈앞에 나타나리라는 희망은 전혀 갖지 않았다.

그러나 몇 년 동안에 예기하지 않던 여러 발견이 쌓였다. 음극선, X선, 방사능이 학자들을 난처하게 만들고, 그들의 가장 단단한 여러 개념을 흔들어 놓았다. 고전적인 이론체계에 중대한 모순이 나타난 것이다.

따라서 19세기는 상당히 이상한 조건에서 끝맺었다. 어떤 영역에서는 성공을 거두었다(헤르츠파와 무선통신). 그러나 여러 다른 영역에서는 사람들은 무지를 인정하여야 했다. 사람들은 웅대한 고전적 건물이 불충분하여, 딴 것에 자리를 양보하게 될 것으로 생각했다. 그러나 그것이 어떤 일반적 성질의 것인지를 몰랐다. 사람들은 원자와 전자의 가설을 과시하기 위해서 엄격히 확실한 단계를 포기했다. 그 가설 자체로 가설의 정당성을 입증할 수 없었으나 진보의 커다란 원천을 이루었다. 물리학은 완성되지 않았고, 틀림없이 절대로 완성되지 않을 것임을 이해했다.

1. 음극선

오래 전부터 학자들은 희박한 기체 중에서 방전을 일으키는 데 관심을 갖고, 그때 생기는 빛을 연구하고 있었다. 유리 기술자인 독일의 가이슬러(Heinrich Geissler, 1814~1879)는 그 목적을 위해서 고진공의 특별한 관을 만들었고, 관의 모양과 기체의 종류를 바꿈으로써 매우 화려한 발광효과를 얻어내었다. 같은 나라 사람인 수학자 플뤼커(Julius Plücker, 1801~1868)는 압력의 감소에 따라 광도가 감소하는 한편, 용기의 유리 자체가 전광을 띠는 것을 보았다. 그 후 히토르프(Johann Wilhelm Hittorf, 1824~1914)는 그 형광이 음극에서 나오는 것 같다는 이론에 주의를 환기시켰다. 이어서 골드슈타인(Eugen Goldstein, 1850~1930)은 관 속에 금속체를 넣어주니까 관의 안쪽에 그림자가 생기는 것을 인정했으며, 이것은 음극의 방사 역할을 확인하는 셈이 되었다. 그는 <음극선>이라는 생각을 끄집어내었다.

이 모든 것이 만족스럽게 선명하지는 않아서 이 기이한 방사선의 여러 특성, 특히 그의 본성을 전혀 몰랐다. 1879년에 영국의 크룩스는 100만 분의 1기압 정도의 고진공을 관내에 실현해가지고 충분히 정확하게 실험할 수 있었다. 그가 발명한 극히 예민한 작은 풍차를 관내에 놓았더니 움직이기 시작했으며, 이것은 음극에서 나오는 눈에 보이지 않는 방사선의 존재를 결정적으로 증명했다. 어떤 물체이든 관내에 놓아두면 형광을 띠게 될 수 있었고, 휘황찬란한 빛을 내게 되었다. 더욱이 크룩스는 오목한 음극으로 방사선을 한 점에 수렴시켜서 그 점을 대단히 세게 가열하여 백금의 조각을 녹일 수 있었다. 그 후 좀 늦게 독일의 레나르트(Philipp Lenard, 1862~1947)는 관 밑바닥의 유리를 알루미늄의 작은 창으로 바꾸었다. 그랬더니 음극선이 그곳을 통과해서 공기 쪽으로 퍼져 나왔다. 요컨대 이 방사선의 특성이 조금씩 밝혀졌다.

그 본성에 관해서 크룩스는, 물체를 매우 희박하게 만들어 얻어지는 물질의 제4의 상태를 **방사의 상태**(L'état Radiant)라고 불렀다. 그러나 이 가설로 모든 것을 설명할 수 없다는 것이 밝혀졌다. 다른 물리학자, 특히 골드슈타인은 그것을 빛의 복사와 유사한 파동이라고 생각했다. 그러나 J. J. 톰슨(Joseph John Thomson, 1856~1940)은 그의 속도를 측정해서 초당 약 50,000㎞라는 것을 알았으며, 전자기 복사로서는 용납되지 않는 숫자였다. 그 대신에 장 페랭(Jean Perrin, 1870~1942)은 그가 음전하를 갖고 있다는 것을 밝혔다. 게다가 그것은 전기장과 자기장에 의해서 휘는 것이었다. 이들의 결과가 축적됨으로써 이 현상을 이해하게 되었다. 즉 음극선관 안에 전기의 작은 기본입자의 무리가 숨어 있어, 그 전자의 존재를 알아차리게 되었다.

2. 전자

19세기 동안에 사람들은 전기의 본성을 찾아내는 것에 전혀 관심이 없었다. 여러 현상의 본질에 관한 모든 문제가 그렇듯이 거기에도 매우 미묘한 문제가 있었다. 오귀스트 꽁트

(Auguste Comte, 1798~1857)의 실증주의에 충실한 모든 학자들은 문제를 제기하여 소위형이상학을 들추어내는 사색에 빠지는 것을 거절했다.

그러자 1880년부터 몇 가지 실험의 결과로 물리학자들은 전기가 물질과 같이 불연속적이며, 미립자로 형성되었다고 생각하기에 이르렀다. 이 생각은 전기분해의 현상에서 최초로 시사되었다. 즉 1881년 이래 헬름홀츠는 한 개의 1가 이온이 갖는 기본전하는 전기에 관한 원자의 모든 특성을 갖는다는 것을 주목했다. 또 아레니우스(Svante August Arrhenius, 1859~1927)가 1887년에 전개한 빛나는 전이설은 이 견해를 확인했다. 이렇게 하여 아일랜드의 스토니(George Johnstone Stoney, 1826~1911)가 이름을 붙인 이 〈**전자**〉에 한자리를 마련하기 시작했다. 따라서 처음에는 우리가 얻을 수 있는 가장 작은 전기량을 의미했다. 그것은 물질과는 구분되며, 전자에 의해서 전기가 운반되는 것으로 생각했다. 그러나 이 생각이 조금씩 수정되어, 전자 자체가 하나의 물질입자이며, 전기에 관한 원자의 역할을 할 뿐만이 아니라 물질의 보편적인 구성요소의 역할을 한다는 것을 알게 되었다. 실제로 전기적 중성인 물체에서 전자를 방출하게 하는 것이 때때로 가능하다.

전자를 직접 볼 수 없기는 하지만 이 가설이 승리한 것은 여러 실험이 일치해서 그것을 확인했기 때문이었다. 이때까지는 전기가 물질(도선, 염의 용액 등) 속을 순환하는 것으로 만족했으며, 전자의 연구를 촉진하지는 못했다. 그러나 1880년 이후 전자를 끌어내어 소위 자유상태에 있다는 것을 증명하는 여러 실험을 발견했다. 즉 음극선, 광전효과, 열전효과, 라듐의 β선 등이었다. 이 모든 것에 대해서 추정된 입자성을 연구하는데, 특히 전기와 자기의 두 장을 배합해서 빛나가게 하면서 연구했다. 모든 것이 가설과 일치했고 동일한 수치를 주었다. 모든 결과의 일치는 그 가설의 승리를 보증했고, 이때부터 전기는 동일한 입자인 전자로 이루어진 것으로 보았다. 전자는 수소원자보다 약 2,000분의 1로 가볍다는 것을 알았으며, 이 값을 처음에는 1897년에 비헤르트(Johann Emil Wiechert, 1861~1928)가, 이 후에는 빛나가게 하는 방법의 위대한 전문가인 J. J. 톰슨이 확인했다.

그러나 전자의 이론이 즉시 활짝 꽃피우게 되었다고는 말할 수 없었다. 1900년에도 아직 불완전하고 망설이는 상태였다. 1909년에야 비로소 미국의 밀리컨(Robert Andrews Millikan, 1868~1953)이 행한 유명한 실험으로 전기의 입자구조의 증거를 처음으로 직접 제시했고, 전자의 전하를 매우 훌륭한 정밀도로 측정할 수 있었다. 따라서 20세기 초기에는 전자론이 입증되고 정밀화되었으며, 동시에 금속의 전기적 성질을 설명하게 되었다.

1895년 로렌츠(Hendrik Antoon Lorentz, 1853~1928)가 발표한 상당히 독창적인 생각을 강조하고 싶다. 이 네덜란드의 학자는 빛의 방출기구를 설명함으로써 프레넬과 맥스웰의 이론을 완결하고자 했다. 그는 전자의 가속운동이야말로 전자기파의 원천이라는 원리를 발표했다. 이때부터 가시광선, 자외선, 적외선은 원자 자체의 내부에 있는 전자의 매우 빠른 운동으로 설명되었고, 헤르츠파와 같은 해에 발견된 X선도 마찬가지로 설명되었다. 실험적 증명만이 남아 있었다. 1896년 네덜란드의 제만(Pieter Zeeman, 1865~1943)은 센 자기장에 놓인 기체에서 방출되는 스펙트럼선의 이중성을 발견함으로써 그것을 증명했다. 몇 년 전이었다면 이 〈제만 효과〉를 이해 못했을 것이다. 그러나 로렌츠의 이론에 의해서 매우 만족스럽게 설명되어 그 이론의 성공을 보장받았다. 따라서 사람들은 이 문제의 최후의 해답을 한 것으로 믿었다. 그러나 이 이론도 불충분하다는 것을 알게 되고, 양자의 도입으로 크게 수정하여야 한다는 것을 알았다.

3. X선

1895년 말, 독일의 뢴트겐(Wilhelm Konrad Roentgen, 1845~1923)은 한 가지 새로운 발견을 발표했다. 음극선을 연구하고 있을 때 센 형광으로 방해받지 않기 위해서 두꺼운 검은 종이로 크룩스관을 씌웠다. 이런 주의를 했는데도 가까이에 놓아둔 백금사이안화바륨의 스크린이 형광을 띠었다. 즉 음극선관이 눈에 보이지 않으며, 검은 종이를 통과할 수 있는 빛을 발사했다. 뢴트겐은 이 방사선이 얼마나 투과성이 있는지를 증명하는 일련의 호기심을 끄는 실험을 했다. 그것은 두꺼운 종이, 나무, 살갗은 통과하는데 비해서 뼈, 금속에서는 쉽게 통과하지 못했다. 이 결과는 과학계에서뿐만 아니라 일반대중 사이에서도 감동을 불러일으켰다.

이 방사선의 본질은 무엇일까? 뢴트겐은 당시의 사람들이 그것에 그의 이름을 붙일 시간의 여유를 주지 않고, 그것이 나타내는 미지의 특성을 잘 제시하기 위해서 즉시 X선이라는 이름을 찾아냈다. 학자들은 오랫동안 주저했다. 불가시광선이 또다시 복사선의 영역을 확대한 것일까? 음극선과 유사한 입자선일까? 여러 관점에서 첫 번째 가설이 상당히 매력이 있었다. 그러나 오랫동안 X선은 빛에 관한 어떤 특성도 나타내지 않았다. 즉 반사, 굴절, 간섭, 분산, 회절이 전혀 관측되지 않았다. 19세기는 이 문제를 해결하지 못하고 끝맺은 것이다.

4. 방사능

X선이 발견된 3개월 후에 또 하나의 발견이 마지의 세계, 즉 방사능을 드러냄으로써 물리학자들에게 변혁을 가져왔다.

프랑스의 학자 앙리 베끄렐(Henri Becquerel, 1852~1908)은 인광을 내는 결정이 가시광선 이외에 X선을 방사하지 않을까 하고 생각했다. 실험결과로 우라늄과 칼륨의 복합황화물을 제외하고는 그런 성질의 것이 없으며, 결국 이 결정만이 찾고 있는 방사선을 내는 것을 알았다. 그러나 베끄렐은 곧 이 결정이 인광을 띠지 않더라도 방사선을 낸다는 것을 알았다. 그는 거기에 우라늄의 본질적인 성질을 있다는 것을 알았다. 이 금속은 어떤 화학적 결합을 하더라도 X선과 같이 눈에 보이지 않고, 매우 투과성이 있는 방사선을 자발적이고 지속적으로 내고 있는 것이다(1896.03).

이런 기이한 성질을 나타내는 단체는 우라늄뿐일까? 독일의 슈미트(Schmidt)와 퀴리 부인(Marie Curie, 1867~1934)은 동시에 또 하나의 것, 토륨을 발견했다. 이어서 퀴리 부인은 보헤미아산의 피치블렌드를 연구함으로써 기대하던 것보다 더 센 방사능이 있다는 것을 알았다. 퀴리 부인은 이 광석에 우라늄 외에 더 센 방사능이 있는 다른 물체가 근소하게 들어 있을 것으로 생각했다. 그녀의 남편 피에르 퀴리(Pierre Curie, 1859~1906)는 압전기와 반자성에 관한 업적으로 이미 알려진 훌륭한 학자로 그녀와 협력하여, 곧 두 사람은 강력한 방사성의 두 가지 새로운 원소인 폴로늄과 라듐의 존재를 발표할 수 있었다(1898). 1899년에는 드비에르느(Debierne)가 발견한 악티늄이 이 원소표에 추가되었다.

그러나 이들의 물체는 극소한 흔적 상태로만 얻어졌으므로 많은 학자가 회의를 느꼈다. 그들을 납득시키기 위해서 퀴리부부는 보헤미아에서 수톤의 광석을 갖고 와서 극히 시설이 나쁜 창고 속에서 4년 동안 고된 작업을 한 후에 1데시그램의 염화라듐을 얻어내었다(1902). 순수한 라듐은 퀴리부인에 의해서 1910년에 분리되었다.

동시에 이 방사성물질에 대한 방사선도 연구되었다. 자기적으로 빗나가게 하는 방법으로 베끄렐은 뚜렷하게 구분되는 세 부분이 있는 것을 알았다. 첫번째 것은 음대전되어 있고, 독일의 기젤(Fritz Giesel, 1852~1927)에 의해 쉽게 확인되었으며, 음극선과 마찬가지로 전자로 이루어졌다(β선). 이어서 1900년에는 프랑스의 빌라르(Paul Ulrich Villard, 1860~1933)가 중성 부분을 분석했으며, 이 방사선 γ는 X선과 유사했다. 양대전한 세 번째 것은 훨씬 어려웠으며, 영국의 라더퍼드(Ernest Rutherford, 1871~1937)가 드디어 이 α선이 이온화한 헬륨원자로 이루어졌다는 것을 입증했다.

마지막 견해는 학자들을 어리둥절하게 했다. 이 헬륨이 어디서 온 것일까? 방사능은 새로운 지평선을 열었고, 굳게 정립된 여러 개념을 뒤집어 놓았다. 원자는 더 파괴할 수 없는 것이 아니고, 어떤 것에서 딴 것으로 스스로 변할 수 있는 것이다. 이 발견은 뜻밖일 뿐만이 아니라 예상한 것과 상반되었다. 모든 것을 수정하여야 했다. 방사능이 새로운 시대를 열었으며, 1세기 전의 전지의 발명과 약간 비슷했다.

5. 복사의 법칙

1859년에 키르호프는 〈흑체〉의 개념을 도입했다. 그가 받는 모든 복사선을 완전히 흡수한다는 물체였다. 1880년경 이 문제가 물리학자 사이에서 하나의 유행이 되었다. 그들은 특히 외부에서 고립된 흑체가 방출하는 복사 에너지를 자체가 흡수할 때의 복사선을 연구했다. 오스트리아의 슈테판(Josef Stefan, 1835~1893)은 열역학을 써서 이렇게 방출되는 에너지가 절대온도의 4제곱에 비례한다는 것을 밝혔다. 이어서 같은 나라 사람인 빈(Wilhelm Wien, 1864~1932)은 어떤 주어진 온도에 부합하는 스펙트럼 분포가 어떻게 다른 온도에서 얻어지는 것으로 변하는지를 알아내었다. 그러나 더 이상 갈 수 없었다. 즉 열역학은 이 스펙트럼 분포를 그 이상 정밀화하기 어려웠다.

그리하여 새로운 영역에서 모험하게 되었다. 생생한 원자와 전자의 가설에 의거하여 영국의 레일리(Rayleigh, John William Strutt, 1842~1919)는 요구하는 공식에 거의 도달하긴 했지만, 불행하게도 그의 공식은 실험에 어긋났다. 즉 긴 파장에 대해서는 완전히 잘못됐다. 모든 방향에서 그 이유를 되돌아보았으나 아무런 잘못도 찾지 못했다. 그뿐만 아니라 다른 방법으로도 같은 공식을 얻었다. 따라서 이 레일리의 공식은 고전이론의 피할 수 없는 결과로 생각되었다. 그렇다면 책망 받은 것은 고전이론이었다. 어디서 잘못의 근원은 찾겠는가? 모순을 해소시키기 위해서는 고전이론을 어떻게 수정할 것인가?

20세기에 와서 양자를 도입함으로써 이 미로를 빠져나갈 수 있었다.

6. 마이클슨의 실험

빛의 속도의 값에 관한 지식은 이미 과학의 오래된 수확물이었다. 그러나 이 문제에 관해서는 최후의 진보를 실현해야 할 일이 남아 있었다. 실제로 광원과 관측자가 운동하고 있다면 이 속도는 더 이상 같을 수가 없었다. 상식으로도 그렇게 생각되며, 맥스웰의 방정식도 그것을 확인했다. 이것에서 학자들에게 다음 생각이 떠올랐다. 즉 지구가 움직이고 있으므로 여러 방향으로 빛의 속도를 측정한다면, 그때 얻어진 값의 차이로 지구의 절대적인 운동이 밝혀지고, 동시에 광속을 측정할 수 있을 것이다.

이 측정은 쉽지 않았다. 지구의 속도가 광속에 비해 매우 작았기 때문이었다. 그러나 1881년 미국의 마이클슨(Albert Abraham Michelson, 1852~1932)은 간섭법에 바탕을 두어 이론적으로 예견되는 차이를 뚜렷하게 밝히기에 충분한 매우 정확한 장치를 만들었다. 그러나 매우 놀랍게도 결과는 부정적이었다. 즉 광속은 모든 방향에 대해서 동일한 것이었다. 그는 1887년 몰리

(Edward Williams Morley, 1838~1923)와 함께 측정을 다시 했으나 같은 결과에 도달했고, 그 후의 모든 시도에서도 그것이 확인되었다.

이 실험은 커다란 불안거리였고, 레일리의 법칙과 같이 고전이론의 체계와 현실 사이의 증대한 모순을 나타내었다. 아일랜드의 피츠제랄드(George Francis Fitzgerald, 1851~1901)는 물체의 운동은 그 운동방향으로 효과적인 수축을 일으킨다고 생각함으로써 그 모순을 없애려고 했으며, 1903년에 로렌츠는 이 가설을 수학적으로 전개했다. 그러나 파탄을 감추기 위한 〈활력제〉라는 인상을 크게 심었을 뿐이었다.

여기에서 또 20세기는 새로운 이론, 즉 상대론에 의해서 미로를 빠져나오게 된다.

7. 마지막 의문점

같은 시기에 이룩한 그 밖의 발견 중에도 학자들을 당황하게 한 것이 있었다. 다음의 네 가지를 인용하자.

1886년 골드슈타인은 크룩스관 속에서 음극선의 전자뿐만이 아니라 다른 방사선이 순환하는 것을 주목했다. 후자의 방사선은 음극선과 반대방향으로 가며, 음극에 작은 구멍을 뚫어놓으면 그 구멍을 통해서 음극을 통과할 수 있었다. 그는 이 **〈카날선〉**을 자기장으로 빗나가게 할 수 없었으나, 빈은 1898년에 그것에 성공했으며, 동시에 이 방사선이 양대전되어 있다는 것을 밝히고, 그의 속도(초속 수백 킬로미터)도 산출했다. 그러나 그의 본성에 관해서는 가설의 영역에 머물러야 했고, 20세기에 이르러서야 동위원소의 개념으로 모든 것이 설명되었다.

1887년 헤르츠(Heinrich Rudolf Hertz, 1857~1894)는 두 금속구 사이의 불꽃 방전이 그곳에 빛을 비출 때 특히 잘 일어나고, 특별히 자외선을 비출 때 그렇다는 것을 확증했다. 이것이 〈**광전효과**〉이고, 그 후 여러 실험으로 확인되었다. 즉 빛으로 물질에 있는 전자를 뽑아낼 수 있는 것이다. 이 현상의 법칙이 레나르트에 의해서 정밀화되었다. 즉 약한 자외선은 얼마간의 빠른 전자를 뽑아낼 수 있지만, 가시광선과 적외선은 그것이 아무리 세더라도 일반적으로는 불가능했다(1899). 이것은 매우 기이한 결과였다. 어째서 이러한 전자의 축출이 있는가? 어째서 자외선이 특히 잘 되는가? 거기에도 미지의 세계가 있으며, 양자론에 의해서만 이 현상을 이해할 수 있게 된다.

오랫동안 각 물질은 그에 고유한 특성파장의 복사선을 방출하는 것으로 알려졌다. 1885년 발머(Johann Jakob Balmer, 1825~1898)는 수소가 내는 가시광선의 4개의 진동수를 주는 간단한 공식을 발표했다. 이어서 유사한 공식이 뒤따랐다. 일련의 자외선에 대한 라이먼(Theodore Lyman, 1874~1954)의 공식, 적외선계열에 대한 파셴(Louis Carl Paschen, 1865~1947)과 브래킷(Brackett)의 공식이 그러했다. 모두가 동일한 형식을 갖고 있었으며, 더욱 일반적인 하나의 공식으로 모을 수 있었다. 그러한 동일선은 아직도 가려진 수소의 성질을 가리키고 있는 것으로 보였다. 그러나 그 결과 실험적으로 얻어진 것이었고, 아무런 이론적 고찰의 뒷받침도 없었다. 이 방출의 기구는 미지상태에 머물고 있었다. 이 〈자연에 관한 가장 큰 비밀의 하나〉를 설명하는 원자론을 보기 위해서는 1913년까지 기다려야 했다.

1884년에 여러 발명(축음기, 전기조명 등)으로 특히 이름이 난, 〈멘로(Menlo) 공원〉의 마술사로 불린 미국의 에디슨은 자연필라멘트에서 전하를 지속적으로 방출하는 **열전자현상**을 발견했다. 이 성질은 무선전신의 진공관의 밑받침이 되었다. 리처드슨(Owen Willans Richardson, 1879~1959)이 방출되는 전하의 전자성을 밝힌 것은 겨우 1901년이었고, 그 후에야 이 현상이 양자론에 의해 훌륭히 설명되었다.

8. 헤르츠파와 무선전신

앞의 여러 절에서 1900년의 물리학자들이 여러 경우에 있어 얼마나 당혹스러워했는지를 보았다. 그러나 모든 영역에서 그러했다고 생각해서는 안 된다. 지금 언급하고자 하는 헤르츠파의 발견은 반대로 앞서 발표한 이론에서 기대되는 결과를 실현한 것이다.

맥스웰이 파동으로서 빛과 유사하며, 파장이 다를 뿐인 전자기전 교란의 존재를 발표한 것을 우리는 기억하고 있다. 20년 이상 그것을 실현하려 했으나 실패했다. 드디어 1888년에 독일의 헤르츠가 그 일에 성공했다. 그의 이름이 붙은 **발진기**를 써서 매초 10억 회의 비율로 매우 빠른 일련의 불꽃 방전을 일으켰다. 그리고는 그 가까이에 특수한 〈**공진기**〉를 놓았더니 발진기에 아무런 도선도 연결하지 않았는데도 공진기에 불꽃이 튀었다. 이것은 〈무엇〉인가가 방출되어서 주변의 공간의 특성을 변하게 한다는 것을 의미했다. 그밖에 헤르츠는 이 새로운 복사선에 관해서 광파의 특성을 나타내는 실험을 거의 모두 실현함으로써 이 복사선의 파동성을 밝혀내는 공적을 세웠다. 즉 거울의 역학을 하는 넓은 금속판에 의한 반사, 간섭, 정상파의 실험을 한 것이었다. 따라서 눈에 보이지 않는 복사선의 계열로서 센티미터 파장을 갖는 것이 적외선을 훨씬 넘어서 연장한 곳에 새로이 갖춰져 있었다. 이리하여 맥스웰의 이론은 빛나는 확신을 이뤘다.

실용적인 견지에서는 이 발견이 새로운 지평선을 열어놓았다. 결국 아무런 도체의 도움을 받지 않는 원거리통신의 원리, 즉 **무선전신**이 개척되었다. 이 통신방식을 실용성 있게 하기 위해서는 여러 실험을 하여야 했다. 1890년에 프랑스의 브랑리(Edouard Branly, 1844~1940)는 그가 작업장으로 쓰고 있는 침실에서, 상당히 먼 거리에서도 헤르츠파를 잘 검출하게 하는 본질적인 장치인 코히러(Cohéreur) 검파기를 발명했다. 1895년에 러시아의 포포프(Aleksandr Stepanovich Popoff, 1859~1905)는 안테나를 고안했다. 끝으로 1899년에 이탈리아의 마르코니(Marchese Guglielmo Mrconi, 1874~1937)는 모든 선인들의 업적을 집약해서 영국에서 프랑스로 전보를 보냈다. 이리하여 무선전신으로 최초의 원거리통신이 실현되었다.

9. 기술의 진전

여기서는 기술자들이 얼마나 활발했는가를 밝힘으로써 일별하고 만족하자. 즉 전기의 발달, 자동차의 비약, 끌레망 아데(Clément Ader)에 의한 최초의 비행(1897), 컬러 사진에 대한 리프만(Gabriel Lippmann, 1845~1921)의 방식(1891), 뤼미에르(Louis, Anguste Lumiére) 형제에 의한 영화의 발명(1895) 등이다.

7장
20세기
(1900~1972)

20세기에 와서 물리학은 놀라운 발전을 했으며, 특히 두 가지 커다란 방향에서 그러했다.

그중 하나는 몇몇 천재적인 두뇌를 가진 사람들이 독창적인 이론을 만들어냈다는 것이다. 그들은 문제를 전혀 새로운 각도에서 고찰했으며, 가장 고전적인 개념들을 뒤집어놓았다.

또 하나는, 여러 연구인들이 참을성 있는 연구로 많은 발명을 생각해냈고 개량했으며, 이는 선인들의 순수한 사색과는 다소간 먼 결과였다.

이 두 가지 면을 차례대로 보기로 하자.

I. 이론에 관한 것

1. 플랑크와 양자

우리는 19세기 말에 고전이론을 흑체에 적용했더니 실험과 전혀 맞지 않는 레일리의 법칙이 얻어지는 것을 보았다. 막다른 골목에서 빠져나오기 위해서는 이 고전이론을 수정해야만 했다. 1900년에 독일의 막스 플랑크(Max Planck, 1858~1947)가 그것을 했다. 그는 에너지에 관련된 모든 문제에서 그때까지 허용된 연속성을 단호하게 포기하고, 다음과 같은 가설을 발표했다. 즉 물질은 에너지를 불연속적으로 유한량만 양자(Quanta)로 방출할 뿐이며, 그 양자의 값 q는 진동수 f에 비례하여 (플랑크의 법칙) q=hf로 된다는 것이었다. 이때부터 에너지는 물질과 같이 입자적 구조로 되어 있다고 보았다. 이 새로운 기초 위에 플랑크는 흑체의 이론을 다시 세워 실험과 일치하는 하나의 법칙을 얻었다.

사람들은 참다운 과학혁명이 시작되었다는 것을 즉시 이해하지 못했다. 이 새로운 생각이 흑체복사의 문제에만 적용되는 교묘한 방법이라고만 믿었다. 그러나 곧 젊은 학자들이 양자론을 과감하게 발전시켰고, 그것을 에너지가 관여되는 모든 현상, 즉 물리학의 거의 모든 문제에 적용했다. 아인슈타인은 그때까지 이해되지 않던 광전효과를 간결하고도 솜씨있는 방법으로 해석하기 위해서 그 이론을 적용했다. 그는 또 고체의 비열의 온도변화도 설명했다. 덴마크의 보어는 놀랄 만한 원자의 양자론을 생각해가지고('7-Ⅰ-4. 원자론의 승리' 참고) 분광학에 관한 비밀에 처음으로 섬광을 비추었다. 요컨대 양자론이 성공을 거듭해서 결국은 채택되었다. 그밖에도 여러 가지 방법으로 플랑크의 상수(법칙 q=hf에 나타나는 상수 h)를 측정했으며, 모든 과정에서 동일한 값을 얻었다. 이러한 결과의 일치는 에너지의 입자설의 승리에 많은 공헌을 했다. 물질, 전기, 에너지 도처에서 불연속성이 지배했다. 그리고 도처에서 라이프니츠(Gottfried Leibniz, 1646~1716)의 **'자연은 비약하지 않는다'**는 말을 포기하게 되었다.

1920년 이후 양자의 역학이 여전히 확대되었고, 플랑크의 상수는 현대 물리학의 기본상수의 하나가 되었다.

2. 빛의 새로운 측면

X선의 파동성이 증명되고, 눈에 보이지 않는 광선의 하나라고 뚜렷하게 확인된 것은 겨우 1912년이 되어서였다. 즉 독일의 라우에(Max Laue, 1879~1960)는 X선의 줄기로 결정을 통과시켜 보았더니 광파의 특성인 회절현상을 나타낸 것이다. 이때부터 일련의 전자기복사, 즉 헤르츠파, 적외선, 가시광선, 자외선, X선, γ선이 넓은 파노라마를 형성했다. 처음에는 이 여러 영역이 모두 이어져 있지 않고 빈틈이 남아 있었다. 그러나 1920년에 홀벡(Holweck)이 49밀리미크론(mμ)의 X선을 발생해서 자외선과의 접합을 보증했고, 1923년에 미국의 니콜스(Ernest Fox Nichols, 1869~1924)와 테어(Tear)는 0.2㎜의 헤르츠파를 떼어내서 적외선 영역에 연결했다. 드디어 이들의 복사선의 모임은 그 파장이 수킬로미터에서 수분의 1Å까지인 끊기지 않는 연속성을 형성했다.

그러나 아직도 하나의 의문이 물리학자들의 마음에 걸렸다. 빛의 본성에 관한 것이었다. 거의 1세기 동안 사람들은 프레넬의 견해를 무조건 채택하여 왔다. 빛은 의심의 여지없이 본질적으로 파동이고 연속적이라는 것이었으며, 여러 명백한 증거가 이 견해를 지지했다. 이런 훌륭한 확신 가운데 하나의 폭탄이 터진 것과 같이 플랑크의 이론이 다시금 문제를 제기했다. 복사선은 불연속적으로 되었고, 이 빛의 양자, 즉 **광자**는 뉴턴에 연관된 입자의 방출설을 다시금 회상하게 했다. 여하간 당시 통용된 이름과는 전혀 맞지 않는 것으로 생각되었고, 그 결과는 플랑크 자신도 겁에 질리게 했다.

상황이 이렇게 매우 난처했다. 광자로 몇 가지 현상(흑체복사, 광전기, 스펙트럼 방출)을 이해할 수 있다 하더라도 이미 파동론의 성공을 보증한 고전적 실험(간섭, 편광, 회절) 앞에서는 무력했다. 두 가지 이론이 서로 빛나는 성공과 함께 중대한 결함을 나타내고 있어서 그 두 가지 사이에서 이치에 맞게 고른다는 것은 어렵게 생각되었다.

결국 루이 드 브로이가 매우 멋진 해결을 찾아내었다. 그의 생각에 따르면, 파동과 입자 사이에서 선택하는 것 대신 두 가지 견해를 보존하여야 하고, 빛을 파동이 수반되는 입자로 표현되는 복잡한 현상이라고 보아야 했다. 이런 조건 하에서는 상황에 따라서 빛의 두가지 측면을 서로 매우 잘 제시할 수 있었다. 이 다행스러운 종합으로 만족스럽게 정리가 된 것이었다. 그는 그것으로 멈추지 않고 파동-입자의 이중성을 일반화하여 파동역학을 세웠다(1923). 이것은 후에 또 언급하겠다.

그 이래로 여러 새로운 현상이 발견되었으며, 광자의 개념으로 설명이 가능했다. 1923년 미국의 컴프튼(Arthur Holly Compton, 1892~1962)은 X선을 물질에 쪼였더니 그 물질의 원자 때문에 진동수가 감소하며 산란된다는 것을 확인했다. 얼핏 보기에 매우 기이한 이 **컴프튼효과**는 광자와 전자의 충돌에 의해서 설명이 된다. 1928년에는 인도의 물리학자 라만(Chandrasekhara Raman, 1880~1970)이 분자의 단계에서 상당히 비슷한 현상을 발견했다. 빛이 산란할 때 진동수가 감소 또는 증가하는 것이었다. 그 변화는 분자의 구조에 관계가 있으므로, **라만효과**에 관한 연구로 그 구조에 관한 중요한 지식을 얻을 수 있었다. 따라서 이 효과를 〈물리학이 화학에 준 가장 큰 선물〉이라고 말할 수 있다.

3. 아인슈타인과 상대론

상대론은 확실히 현대적 이론으로서 그 출현은 가장 활발한 논의를 불러 일으켰다. 실제로 그의 결론은 물리학의 중요한 원리뿐만이 아니라 상식의 가장 기본적인 개념까지도 완전히 뒤집어놓았다.

아인슈타인(Albert Einstein, 1879~1955)은 다음과 같은 원리에서 출발했다. 빛의 속도는 방향에 관계없이 동일하며, 광원과 관측자가 상대적으로 균일한 직선운동을 하고 있을 때에도 동일하다. 이것은 마이클슨이 실험에서 얻어낸 사실이며, 그때까지 그 실험결과가 설명되지 못했다. 그런데 이 결과는 시간과 공간의 관습적인 개념에 기초를 둔 좌표구조에 관한 고전적 공식에 모순되었다. 시간과 공간에 관한 모든 선입관을 제거하고 생각해서 아인슈타인은 빛의 속도가 관련되어 있는 맥스웰의 방정식을 불변케 하는 새로운 좌표변환의 공식을 세웠고, 이 공식에서부터 그의 모든 이론을 세웠다. 주요한 결과를 간단하게 열거하기로 하자. 대개는 상당히 뜻밖의 것들이었다.

시간과 공간이 더 이상 절대적이 아니며 **상대적**인 것이다. 한 관측자에게 동시에 일어난 두 가지 사상이 딴 관측자에 대해서도 반드시 동시라고 할 수 없고, 한 사람에게 동일한 두 가지 길이가 딴 사람에게도 그런 것은 아니다. 매우 빠르게 상대운동을 하고 있는 두 관측자 중 한 사람이 다른 사람의 앞을 지나갈 때에는, 처음에 두 사람이 모두 동일한 자와 맞추어 놓은 시계를 갖고 있더라도, **각 관측자는 자기 것보다 상대방의 시계는 느리고, 상대방의 자는 짧다는 것을 알게 된다.** 물체의 질량이 이제는 고정되어 있지 않으며 물체의 속도와 함께 증가하고, 속도가 광속이 되면 무한대로 된다. 광속은 물체의 **극한속도**이고, 어떤 물체도 이 속도에 도달할 수도 초과할 수도 없다. 끝으로 물질은 에너지의 한 형태이며, 이 두 가지는 서로 변환하는 가능성이 있다는 것을 알게 되었다.

이런 기이한 결과에 직면한 많은 물리학자가 큰소리로 항의했다. 아인슈타인의 완전하게 논리적이며 일관적인 결론에 엄밀성이 부족함을 발견하려 했으나 공연한 짓이었다. 사람들은 양식을 내세웠다. 그러나 상대론자가 주의를 환기시킨 것처럼 실제로 실현되는 속도는 극히 작기 때문에 아인슈타인에 의해 계산되어 표현된 차이를 실증하기에는 매우 작았다. 수세기에 걸쳐서 인간이 다져온 시간과 공간의 개념이 이제껏 믿어온 것처럼 절대적으로 올바른 표현이 아니었고, 좋은 근사에 불과하다는 것을 몰랐던 이유는 그 점에 있었다. 일상생활에서는 종래의 개념에 만족할 수 있다. 그러나 깊은 이론적 연구는 상대론이 제공하는 정확성을 강경하게 요구한다.

실험으로 증명할 필요가 있었으나, 찾아내기가 쉬운 일이 아니었으며, 매우 큰 속력을 실현해야 했기 때문이다. 그러나 1913년 귀이(Guye)와 라방쉬(Lavanchy)는 매우 빠른 음극선의 전자의 속력을 측정했고, 아인슈타인이 예측한대로 속도에 따라 변한다는 것을 발견했다. 좀 지나서 조머펠트(Arnold Sommerfeld,

1868~1951)는 상대론을 원자의 세계에 적용했으며, 매우 만족스러운 결과를 얻어내었다. 요컨대 상대론은 많은 학자가 채택하게 되는 빛나는 성공을 거두었으나 쉽게 이뤄지진 않았다.

그것만이 아니었다. 아인슈타인은 이러한 〈제한된 상대론〉에 만족하지 않고, 〈일반상대론〉을 완성하여 그의 업적을 빛냈다. 일반상대론에서는 균일한 직선운동뿐만이 아니라 임의의 운동도 고찰했다. 그는 수학자의 재질을 과시하면서 그의 이론을 텐서계산에 의해서 발전시켰다. 그는 새로운 중력의 법칙을 완성했으며, 뉴턴의 것을 1차 조사로서 인정했다. 그는 질량의 존재로 우리의 시공이 변하게 된다는 우주의 만곡에 관한 새로운 생각을 갖게 되었다. 수학자들까지도 이 이론을 끝까지 따르는 것이 매우 힘들었다.

아인슈타인은 단번에 체계적인 업적을 완성했으며, 그의 여러 후계자들*은 자질구레한 것을 정밀화한 것에 불과했다. 이후 아인슈타인은 세상을 떠날 때까지, 중력과 전자기 현상의 원대한 종합인 〈통일장 이론〉을 세우기 위해서 지칠 줄 모르는 노력을 했다.

4. 원자론의 승리

공식적으로 원자가 물리학에서의 지위를 찾게 된 것은 1900년경이다. 물론 전 세기에 있어서도 여러 학자들이 화학반응을 설명하기 위해서 원자의 개념을 이용했다. 그러나 대부분은 그것으로 설명이 편리하다고 보았을 뿐 그 이상의 아무것도 아니

---

* 랑주뱅, 바일(Claus Weyl), 에딩튼(Arthur Eddington)

었다. 그리고 동시에 어떤 이들은 그것에 언급하는 것을 듣기조차 원하지 않았다. 원자론의 승리를 보증하기 위해서는 원자를 계측하고 세어보아서 아보가드로수를 구해야만 했다. 영국의 레일리가 처음으로 시도했으나 기름의 단일분자층에 의한 그의 방법은 크게 논박 당했으며 아무런 결말도 짓지 못했다. 이어서 장 페랭은 콜로이드의 현탁액*의 방법을 생각했다. 그 밖에 다음과 같은 방법이 이어졌다. 액체의 브라운운동, 라듐의 α입자의 연구(라더퍼드), 하늘의 파란색**, 기체 중의 하전입자*** 등이었다. 이들의 방법은 모두가 교묘했다. 개별적으로 따져보면 크게 논의할 여지가 있는 것으로 생각되었으나, 방법이 매우 다르고 측정이 지극히 어려운데도 불구하고, 그들의 결과는 만족스러운 정밀도로 일치했다. 이러한 결과의 일치는 원자가설의 성공을 보증했다.

이 점이 확실해지고 나서 사람들은 곧바로 다음 문제로 옮겨갔다. 원자는 어떻게 표현되는 것일까 하는 것이었다. 더 분발할 수 없는 알갱이라는 옛날 개념은 부적당한 것이 되었다. 여러 현상에서 전자가 물질에서 나타났으므로 중성의 원자는 양전하의 질량과 음전하의 전자로 형성되었다고 보았다. 영국의 J. J. 톰슨은 전자가 양전하의 질량 속에 박혀 있다고 제안했다. 그러나 그와 같은 나라 사람인 라더퍼드는 1911년에 또 하나의 가설(페랭이 시사한)이 더 훌륭하다는 것을 밝혔다. 즉 양전하인 핵 둘레를 전자가 행성과 같이 회전한다는 것이었다. 그는 실제로 α입자가 어떤 두께의 물질을 관통한다는 것을 확

* 고체 입자가 분산되어 있는 액체
** 레일리와 까반느(Cabannes)
*** 타운젠드(John Townsend), J. J. 톰슨, 밀리컨

인했으며, 이것은 사람들이 처음에 생각한 것과 같이 물질의 원자가 조밀하다면 불가능한 일이었다. 동시에 그는 핵의 크기를 계산했으며, 원자의 크기에 비해서 매우 작다는 것을 알아내었다. 요컨대 물질이 전혀 새로운 양상으로 등장한 것이다. 원자에는 무엇보다도 빈틈이 있으며, 질량은 밀도가 매우 큰 점에 집중되어 있는 것이다.

이 모형이 채택되기는 했으나 얼마 안 있어 중대한 수정을 받아야만 했다. 실제로 커다란 모순을 나타내었기 때문이다. 즉 로렌츠의 이론에 의하면 그들의 행성전자는 쉬지 않고 에너지를 복사해야 하므로 원자계는 안정될 수 없었다. 이 사태를 개선하기 위해서 덴마크의 닐스 보어(Niels Bohr, 1885~1962)는 라더퍼드의 원자모형에 양자론을 적용함으로써 그것의 변경을 시도했다. 그의 생각에 의하면, 행성전자는 몇 개의 가능한 궤도를 갖고 있으며, 전자는 에너지를 방출하지 않고 한 궤도 위를 운동하지만, 어떤 이유로 한 궤도에서 딴 궤도로 이동을 하면 그때 전자는 어느 만큼의 에너지양자를 방출하거나 흡수한다는 것이었다. 에너지의 불연속성의 가정이 이렇게 해서 원자론에 결부되었다. 이 이론에서 출발해서 보어는 발머와 라이먼의 공식을 올바르게 다시 찾아냈으며, 처음으로 분광현상을 만족스럽게 설명할 수 있었다. 이에 덧붙여 보어는 여러 전자를 갖는 원자의 경우에 대해서 여러 근사조건을 씀으로써 스펙트럼의 일반적인 구조를 설명하고, 또 이전에 영국의 모즐리(Henry Moseley, 1887~1915)가 발표한 X선의 스펙트럼에 관한 법칙을 다시 얻을 수 있었다.

보어의 이론은 1916년에 조머펠트가 완결 지었다. 그는 원

궤도뿐만 아니라 타원궤도까지도 생각했다. 그밖에 매우 빠른 행성전자의 연구를 위해서 상대론을 도입하여야 할 필요성을 인정했다. 이런 개혁 때문에 그는 보어의 이론으로는 예측하지 못한 수소의 스펙트럼선의 〈미세구조〉를 정량적으로 설명할 수 있었다. 그렇다고 모든 것이 설명된 것은 아니었고, 조머펠트 자신도 그것을 알고 있었다. 어떤 부가적인 스펙트럼선을 설명하기 위해서 그는 순전히 임의적인 〈내부양자수〉를 도입하여야만 했다. 얼마 안가 현대적인 역학이 모든 것을 수정하게 된다.

보어는 행성전자의 배치를 연구하여 그들이 계속적인 껍질에 분포되어 있다고 생각했다. 그는 그 껍질을 세어보는 데 그쳤으나, 사람들은 X선의 도움으로 실험적으로 그렇게 할 수 있었다. X선의 짧은 파장은 이런 극히 작은 것을 연구하는데 매우 적합한 도구였다. 모리스 드 브로이(Maurice de Broglie, 1875~1960)는 입자 스펙트럼의 방법으로 전자껍질을 세어보는데 착수했다. 스코틀랜드의 바클러(Charles Barkla, 1877~1944)는 X선의 산란을 이용해서 전자 자체의 수를 구할 수 있었다. 이 문제에 관해서 세계의 모든 실험실에서 이룩된 많은 업적으로 전자껍질의 분포와 전자의 수가 기재된 원소의 표를 만들 수가 있었다. 사람들은 이것으로 화학, 전자 또는 빛에 관한 여러 현상을 설명했다. 특히 러시아의 화학자 멘델레예프(Dmitri Mendeleieff, 1834~1907)가 전 세기에 발표된 화학적 특성의 적기성을 이와 같이 명백하게 밝혔다.

이 문제에 관해 마지막 한 가지를 주의하자. 1903년 영국의 소디(Frederick Soddy, 1877~1956)는 각 원소에 대해서 동일한 원자번호를 가지면서 질량이 다른 몇 가지 종류가 있다는 것을 설명하고, 이를 **동위원소**라 불렀다. 1913년 영국의 애스튼(Francis Aston, 1877~1945)은 같은 물질에서 동위원소를 분리하기 위한 교묘한 장치인 질량분석기를 고안했다. 이리하여 27년 전에 발견된 카날선을 연구하고 이해할 수 있었다.

5. 원자핵의 연구와 새로운 입자

원자에 관한 인식이 진전되어감에 따라 그 연구는 점점 복잡하게 되었다. 이번에는 믿을 수 없을 정도의 밀도를 가진 극미입자인 원리핵을 탐색하여야 했다. 화학자 프라우트(William Prout, 1785~1850)의 옛날 가설에 경의를 표하면서〔그 설에 따르면 수소가 유일의 단체(單體)이며, 다른 것은 수소가 몇 개씩 결합한 것이라고 보았다〕 사람들은 우선 **양성자**(수소의 핵)가 모든 원자핵의 본질적인 구성요소이며, 이들 핵은 이미 알고 있는 입자인 양성자와 전자가 몇 개씩 모여서 형성되었다고 생각했다. 이 견지는 방사능과 원소변환에 관한 최초의 현상과 부합하는 것이었으나 새로운 소립자의 발견으로 약간 수정되었다.

1930년 독일의 보테(Walther Bothe, 1891~1957)와 베커(Becker)는 폴로늄의 α선으로 때린 베릴륨에서 매우 투과력이 강한 방사선이 방출하는 것을 보았다. 그들은 그것을 전자기파라고 생각했으나 프레데릭 졸리오(Frédéric Joliot, 1900~1958)와 이레느 퀴리(Irène Curie, 1897~1956)는 그럴 수 없다는 것을 밝혔다. 영국의 채드윅(James Chadwick, 1891~1947)이 1932년에 그 본성을 확인했다. 즉 그것은 **중성자**를 방출하고 있으며, 이 중성자는 질량이 양성자와 같으나 전하를 갖지 않은 새로운 입자였다.

1933년 미국의 앤더슨(Carl Anderson, 1905~1991)은 우주선에서 전자와 질량과 전하가 같으나 양대전된 입자를 발견했다. 이론에 의해서 예견된 **양전자**를 발견한 것이다. 사람들은 어째서 이 양전자를 오랫동안 관찰했는데도 찾지 못했는지를 이해했다. 평균수명이 수만 분의 1초밖에 안 되어서, 나타나자마자 사라져버리기 때문이었다. 따라서 그의 발견은 오랫동안 기대했던 두 부호의 전하 사이의 대칭성을 완전하게 회복하지는 못했다.

얼마 안 있어 알게 되었지만 이들의 여러 소립자는 하나에서 다른 것으로 변환할 수 있었다. 이탈리아의 페르미(Enrico Fermi, 1901~1954)는 한 개의 중성자가 에너지를 방출하면서 한 개의 양성자와 한 개의 전자로 나누어질 수 있다는 것을 밝혔다. 반대로 한 개의 양성자는 에너지를 받으면 한 개의 중성자와 한 개의 양전자로 될 수 있다. 이들이 변환은 큰 원리인 에너지(질량은 그의 하나의 형식에 불과하다)와 전하 등의 보존법칙에 따르고 있는 것이다. 그러나 어떤 특별한 경우에서는 그렇지 않은 것으로 생각되었다. 특히 라듐의 핵에 의한 β선의 방출의 경우가 그렇다. 큰 원리를 구제하기 위해서 질량이 극미하게 작으며 전기적으로 중성인 새로운 입자 **중성미자**를 상상하여야 했다(1934). 이 입자는 오랫동안 가설로 멈추었다. 포착하기 어려운 성질(질량이 매우 작고 전하가 없으며 투과력이 매우 크다는 것 등)이 있기 때문이었다. 그러나 결국은 그런 개념의 도입으로 입자현상의 해석을 알맞게 할 수 있어서 입자의 표에 한 자리를 골라잡게 되었다.

거의 같은 시기에 졸리오-퀴리부부는 새로운 현상을 밝혀내었다. 고진동수의 광자 γ의 물질화였다. 에너지가 매우 큰 이 입자는 한 개의 전자와 한 개의 양전자를 생성할 수 있으며, 아인슈타인의 이론에 따라서 에너지가 질량으로 변한 것이다.

이 모든 발견의 풍부한 결과에서 물리학자들은 원자핵에 관한 그들의 개념을 바꾸었고, 하이젠베르크의 관점을 택했다. 즉 이때부터 핵이 몇 개의 중성자(질량)와 양성자(질량과 전하)가 모여서 형성되었다고 생각하게 되었다.

그렇다면 이들의 모든 입자는 핵 속에 어떻게 배치될 수 있을까? 이렇게 복잡한 집단의 안정성을 유지할 수 있는 결합력은 어떤 것일까? 사람들은 이 극미의 세계에 적용되는 법칙은 거시세계의 것과 매우 다르다는 것을 깨닫기 시작했다. 페르미는 양성자와 중성자 사이에 끊임없이 전자가 교환되고 있고 그 교환 에너지가 결합력의 근원이라고 생각했으나 그 결과는 정량적으로 만족스럽지 못했다. 일본의 유가와(1949년 노벨상 수상)가 이 생각을 이어 받았으며, 설명을 알맞게 하기 위해서는 교환입자의 질량이 전자보다 200배나 커야만 했다. 이렇게 새로운 입자인 중간자의 존재를 생각하게 되었으며, 유가와에 의하면 이 입자는 투과력이 매우 크고, 매우 짧은 평균수명을 갖고 있어야 했다(1935). 결국 이 가성적 입자는 얼마 안 있어 우주선에서 발견되었다.

그 후로 더욱더 강력한 장치를 만들어서 많은 새로운 입자를 발견할 수 있었다. 중간자가 여러 종류 있다는 것을 알게 되었다. π중간자, μ중간자 및 K중간자이다. 양성자보다 약간 더 무거운 입자인 하이퍼론을 발견했으며, 이 자체도 몇 종류(Λ, Σ, Ξ)가 있다. 그밖에 이들 각 입자는 전자와 같이 전하가 반대인 반입자인 반양성자(버클리, 1955), 반크사이(주네브, 1961) 등을 확인했다. 이 〈반물질〉은 여러 연구의 대상이었다. 그러나 수명이 극히 짧아서 연구가 곤란했다. 한 입자가 그의 반입자와 만나자마자 막대한 에너지를 방출하면서 서로 소멸하는 것이다. 아마도 우리의 은하계와는 상반되는 반물질로 된 것이 존재하고 있을 것이다. 천문학자들이 1961년 이래 발견한 먼 곳의 별처럼 보이는 물체로 막대한 에너지를 내는 자리에 있는 **퀘이사**(Quasar)가 바로 정물질과 반물질의 두 세계가 만나기 때문이 아닌지 묻고 싶다.

그밖에도 이 분야에서 근래 새로운 양식의 실험을 할 수 있었다. 즉 한 입자를 다른 입자로(예로서 전자를 중간자로, 또는 양성자를 양전자로) 바꾼다는 인공원자의 제조이다. 이들 〈이상〉원자는 매우 불안정하지만, 그들의 붕괴는 흥미 있는 현상의 원인이 되어 이 입자계를 더 잘 이해하게 한다.

입자의 목록이 예견치 않게 추가되어 무엇인가 기대에 어긋나버렸다. 즉 모든 것을 근원적인 것으로부터 규정하기 곤란해졌으며, 물질의 훌륭한 통일론은 아마도 훗날에 가서 수정될 것이다. 물론 미국의 겔만(Murray Gell-Mann, 1969년 노벨상 수상)이 근원적인 소립자인 쿼크(Quark)를 제창하고 다른 입자는 그들로 구성되었다고 하여 약간의 질서를 찾고자 했으나 이 쿼크는 아직 실험적으로 발견되지 않았고, 편리하기는 하지만 가설적인 계산도구의 상대로 머물러 있을 뿐이다.

6. 새로운 역학

빛에 대해서 이미 인정된 파동-입자의 이중성이 플랑크의 법칙으로 요약되었으며, 여기에 진동수와 광자가 개입했다. 그런데 이 법칙은 빛뿐만이 아니라 에너지에 관계되는 모든 문제에 대해서 본질적인 역할을 한다. 이로 인해서 루이 드 브로이(Louis de Broglie, 1892~1987)가 1923년에 정식화한 기본적인 개념으로 앞서의 이중성이 일반화되고, 모든 알려진 입자와 전자에 하나의 파동이 관련되었다. 이 생각이 유명한 **파동역학**의 출발점이 되었고, 드 브로이가 기초를 세우고 오스트리아의 슈뢰딩어(Erwin Schroedinger, 1887~1961)가 계승 발전시켰다. 이것으로 물리학에 아름다운 통일성이 갖추어졌다.

그의 성공을 보증하기 위해서는 실험적인 검증이 필요했다. 이제까지 전자가 파동성을 보인 일이 전혀 없었기 때문이다. 그 일은 지체되지 않았다. 1927년에 미국의 데이브슨(Clinton Joseph Davison, 1881~1958)과 저머(Germer)는 전자선을 니켈의 결정에 부딪쳐 파동의 특성인 회전현상을 얻었다. 관련된 파동은 곧 만족스럽게 해석되었다. 그것은 입자의 존재확률을 나타낸 것이다. 이것은 예기치 않던 결과였다. 즉 확률의 개념이 미시물리학에 도입되어 위치와 속도의 개념이 흐려지고, 고전적인 결정론을 흔들어 놓았다.

현대 물리학의 이 새로운 국면은 더욱 뚜렷하게 **양자역학**으로 다시금 나타났으며, 독일의 젊은 물리학자 하이젠베르크(Werner Heisenberg, 1901~1976)에 의해서 1925년에 이래 기초가 세워졌다. 그는 양자를 이론의 기본적인 요소로 했으며 수학자들의 비교적 새로운 발명인 행렬계산을 써서 그것을 발전시켰다. 그는 이리하여 기묘한 결과에 도달했다. 예로서 2행렬의 곱이 반드시 교환가능하지 않다. 이 수학적 성질로 그는 유명한 **불확정성 관계**를 이끌어내었다. 이에 의하면 입자의 위치와 속도를 동시에 무한한 정확성으로 결정할 수 없다. 이 결과는 우선 약간의 놀라움을 가져왔고, 물리학자들은 극미 세계의 지식에 넘어설 수 없는 한계를 그어야 한다는 것에 실망했다. 그러나 하이젠베르크는 우리의 여러 측정절차를 치밀하게 분석함으로써 그 불확정성을 정당화할 수 있었다.

이 불확정성 관계는 고전적인 결정론을 크게 수정했다. 이 이론에 의하면 입자들의 처음의 위치와 속도를 안다는 것이 막대한 수의 미문방정식을 써서 그들의 이후의 운동을 구하는 필요하고도 충분한 조건이었다. 그러나 우리는 그러한 초기조건을 모르기 때문에 그 해를 구할 수 없는 것이다. 결정론은 입증할 수 없는 가설의 상태로 다시 떨어지고 말았다. 물론 우리의 척도(거시적)에 있어서는 하이젠베르크의 불확정성이 사실상 소멸하고 결정론이 되살아날 수 있지만 대수의 법칙의 결과로서 그렇게 보일 뿐이며, 내부의 성질(미시적)은 모든 점에서 심각한 수정을 받을 운명에 있는 것이다.

이렇게 모든 부면에서 새로운 착상이 나타났다 양자, 상대론, 파동역학, 양자역학이 그렇다. 여기에 네덜란드의 울렌벡(Geroge Uhlenbeck, 1900~1988)과 구드스미트(Samuel Goudsmit, 1902~1978)가 1925년에 생각해 낸 전자의 **스핀**을 추가하자. 전자가 일종의 자전운동을 한다는 것이고, 전자는 새로운 자성을 갖게 된다는 것이다. 이런 모든 것을 종합하는 것이 남아 있었다. 영국의 디랙(Paul Dirac, 1902~1984)이 그 일을 했으며, 1930년에 새로운 역학을 만들어 상대론, 양자론, 파동론을 동시에 포함시켰다. 그리하여 그는 수소 스펙트럼의 구조를 완전히 만족스럽게 설명했으며, 내부양자수의 해석을 했고, 평균수명이 매우 짧은 양전자의 존재를 예견했다. 얼마 후에 이루어진 양전자의 발견으로 이 이론은 훌륭한 확정을 얻게 되었다.

단독입자의 연구는 상당히 추진할 수 있었지만 입자계에 대해서는 그렇지가 못했고, 아직도 많은 연구가 필요한 영역으로 남아 있다. 오스트리아의 파울리(Wolfgang Pauli, 1900~1958)가 1925년에 발표한 **배타원리**를 주목하자. 이에 의하면 두 전자가 완전히 동일한 양자상태에 있을 수는 없는 것이다. 이 원리로 페르미-디랙통계로 불리는 새로운 방법이 가능해졌다. 이것은 매우 많은 수의 전자에 대해서 적용되며, 금세기 초에 로렌츠가 발전시킨 금속의 양자론을 현저하게 개선했다. 광자의 거동은 전자와는 다르며, 보즈(Bose)-아인슈타인통계라는 또 하나의 새로운 방법을 필요로 했다.

이렇게 여러 양자의 도입으로 물리학 전체가 얼마나 심각하게 수정되었는지를 알 수 있다.

Ⅱ. 실현된 업적

1. 원소의 변환

현대 원자론의 발전은 수십 년 전에는 전혀 예상할 수도 없었던 결과를 가져왔다. 옛날의 연금술사들에게 친근하던 원소변환이라는 오래된 문제를 다시 생각해보자. 19세기를 통해서 화학은 어느 단체(單體)를 다른 것으로 바꿀 수 없다는 생각을 확고하게 이룩해 놓았다. 그러나 방사능은 학자들의 이런 관점을 수정하게끔 했다. 자발적으로 라듐은 라돈과 헬륨으로 된다. 따라서 단체는 우리가 생각했던 것만큼 서로의 구분이 명확하지 못했고, 얼마 안 되어 그들은 동일한 보편적인 구성요소(양성자, 중성자, 전자)로 형성되었다고 보았다.

그리하여 자연계에서 지속적으로 이루어지는 것과 같은 원소변환을 인공적으로 일으킬 가능성을 모색하려는 생각을 갖게 되었다. 그러기 위해서는 옛날의 낡은 화학적 방법을 당연히 포기해야 했다. 과거의 실패에 비추어서 여러 가지 현대적 기술을 이용한 새로운 방법을 창조하여야 했다. 처음의 시도는 결정적인 것이 되지 못했다. 결국 1919년 영국의 라더퍼드가 목적에 도달했다. 그는 원자핵을 파괴시키기 위해서 전혀 새로운 기술을 생각해내고 그것을 개량했다. 그는 폴로늄에서 나오는 α입자로 질소를 때려 수소의 핵이 발생하는 것을 보았다. 이때의 변환은 다음과 같이 쓸 수 있다.

헬륨 + 질소 → 산소 + 수소

30년 전이었다면 이 간단한 식은 학자들을 분개시켰을 것이다. 물론 극히 적은 수의 원만이 변환을 일으켰을 뿐이지만 이로써 첫 걸음을 내딛게 되었으며, 라더퍼드의 성공은 감동을 주는 공적으로 칭송을 받았다.

일단 이 방법에 관심을 갖고 나서는 다른 물체에 적용하기가 쉬워졌고, 거의 모든 곳에서 새로운 변환이 이루어졌다. α입자의 효율을 높이기 위해서 그것을 센 전압을 작용해서 가속한다는 구상이 생겼다. 코크로프트(John Douglas Cockroft, 1897~1967)와 왈튼(Ernest Walton, 1903~1995)은 이 목적에 수십만 볼트의 전압을 이용했다(1932). 또 미국의 반 데 그라프(Robert van de Graaf, 1901~1967)는 수백만 볼트를 얻을 수 있는 접전발전기를 만들었다. 이런 거대한 전압을 다루는 일은 그리 쉽지 않았다. 그러나 거의 같은 시기에 미국의 로렌스(Ernest Orlando Lawrence, 1901~1958)는 교묘한 장치인 **사이클로트론**을 발명함으로써 취급이 쉽고, 효율적인 것을 동시에 해결하는 커다란 진전을 가져왔다. 이는 전기적 투석기와 같으며, 양성자가 그 안에서 나선을 그리는 동안에 여러 번 부하전압을 받아서 일련의 가속을 계속하여 그 장치에서 나올 때에는 매우 큰 속도를 갖게 하는 것이었다. 1934년부터 로렌스는 버클리 대학에서 강력한 사이클로트론을 사용했다. 이 장치의 기술은 이때부터 조금씩 개량되었으며, 오늘날에는 전 세계의 커다란 원자핵연구소에 형식은 여러 가지로 다르나 매우 강력한 입자가속기(베타트론, 싱크로트론 등)가 설치되었다.

같은 시기에 페르미는 새로운 방사체로 중성자를 제안했다(1934). 전기적 중성 때문에 핵에 의한 반발을 전혀 받지 않아, 쉽게 접근할 수가 있어서 핵 속에 파고들어 가서 붕괴를 일으키는 것이다. 그 직후 중성자를 늦추게 함으로써 효율을 높일 수 있다는 것을 알았으며, 특히 **중수**가 이런 감속의 역할을 할 수 있는 특성을 갖고 있었다. 이 물질은 산소와 수소의 하나의 동위원소로 형성되었으며, 전 해인 1933년에 분리된 것이다. 중수는 핵물리학에서 하나의 역학을 하게 되었기 때문에 실험실의 단순한 호기심을 벗어나게 되었다.

원소변환의 실험을 하는 도중에 프레데릭과 이레느 졸리오-퀴리는 1934년에 **인공방사능**을 발견했다. 알루미늄을 헬륨의 핵으로 충격하니까 방사성의 인이 얻어졌으며, 대부분의 단체가 방사성 동위원소를 갖고 있는 것을 알았다. 이 인공방사성의 물질은 얻기가 쉬워서 과학에서 급속하게 중요한 자리를 차지하게 되었다.

결국 사람들은 이런 방법으로 새로운 단체를 만들어서, 멘델레예프의 분류에서 빠진 마지막 자리가 없어져버렸다. 동시에 원자번호가 92 이상인 핵을 만들어서 주기율표를 연장하는 시도를 했다. 1938년 페르미는 우라늄을 충격해서 다섯 가지의 초우라늄원소를 합성했다고 발표했다. 그러나 서둘러서 결론지었기 때문에 여러 가지로 논의 대상이 되었다. 미묵의 맥밀런(Edwin MacMillan, 1907~1991)이 93번의 단체인 넵투늄(Neptunium)의 존재를 결정적으로 증명한 것은 1940년이 되고서였다. 이 원소는 자발적으로 붕괴해서 94번의 플루토늄(Plutonium)으로 된다. 그리고 나서 미국의 시보그(Glenn Seaborg, 1912~1999)가 아메리슘(Americium, 95번)과 퀴륨(Curium, 96번)을 발견했다.

그 후 다른 사람들은 특히 아인시타이늄(Einsteiniunt, 99번)과 페르뮴(Fermium, 100번)을 1955년에, 멘델레븀(Mendelevium, 101번)과 노벨륨(Nobelium, 102번)을 1957년에 발견했다. 원소의 목록이 다 채워지려면 아마도 멀었을 것이다.

2. 원자폭탄과 원자로

페르미의 실험을 다시 해본 독일의 한(Otto Hahn, 1879~

1968)과 슈트라스만(Fritz Strassmann, 1902~1980)은 중성자로 충격한 우라늄이 더 가벼운 핵으로 쪼개진다는 것을 발견했다. 이 현상은 중대한 에너지 방출을 수반했으며, 그것이 원자의 척도로는 막대했으나 분열된 핵의 수가 적었기 때문에 거의 감지할 수 없을 정도였다. 그러나 졸리오가 지적한 것처럼 1개의 우라늄핵은 분열하면서 몇 개의 중성자를 방출하여, 그들이 또 다른 핵을 분열할 수 있어서, 이것을 계속하면 **연쇄반응**이 가능할 것이므로, 이때에는 급격하게 인간적인 척도에 도달할 수 있을 것이다. 그렇다면 거기에는 새로운 폭탄의 원리가 있는 것이고, 적당한 양의 우라늄에 연쇄반응을 일으키기만 하면 된다. 그리하여 모든 강대국이 그 문제에 몰두하게 되어 갑자기 가장 비밀을 요하는 군사연구로 되어버렸다. 이 원자폭탄을 실현한다는 것은 쉬운 일이 아니었다. 특출한 학자가 필요했을 뿐만 아니라 강력한 공업적인 수단을 장치해야만 했다. 예로서 자연우라늄에 들어 있는 두 가지 동위원소를 분리하여야 했다. 즉 우라늄 235만이 쓸모가 있고, 반면 238은 연쇄반응을 억제한다. 실험실에서 극미량을 분리하는 일조차도 미묘했는데 수 킬로그램의 우라늄을 분리하여야 했다.

미국사람들이 처음으로 목적을 달성했다. 그들은 저명한 물리학자들로 연구팀을 조직했다. 로렌스, 앤더슨, 영국의 채드윅, 이탈리아의 페르미, 덴마크의 보어 등이 오펜하이머(J. Robert Oppenheimer, 1904~1967)의 탁월한 지시 하에 작업했다. 더욱이 미국정부는 필요한 모든 공업적 수단과 재정에 요구대로 응했으며, 그들에게 광대한 실험실과 모든 관계자가 거주할 훌륭한 도시를 지어주었다. 옛날의 위대한 발명은 몇몇 천재적

두뇌의 소산이었으나 원자폭탄은 팀으로 되어 연구를 하고 공업기술이 뒷받침한 소산이었다.

요컨대 겨우 3년 만에 작업이 완성되었다. 최초의 폭탄은 1945년에 7월 16일 뉴멕시코의 사막에서 비밀리에 투하되었다. 실험은 결정적이었고, 제한된 입회자들에게 새로운 폭탄의 놀라운 효능을 알려주었다. 2개의 폭탄이 히로시마(1945년 8월 6일)와 나가사키(8월 9일)에 투하되어 그 위력이 세상에 드러나게 되었다. 그 이듬해에 폭탄의 여러 효과를 과학적으로 검토하기 위해서 태평양의 비키니 환초 위에서 실험이 시행되었다.

원자로에 관해서도 마찬가지로 우라늄핵의 분열에 기초를 두었으나, 원자폭탄과는 달리 에너지의 방출이 느리며, 임의로 조절할 수 있었다. 첫 번째 것은 1942년에 페르미의 지도하에 시카고에서 건설되었다. 그 후 더욱 강력한 것들이 나타났다. 프랑스에서는 최초의 원자로 《조에(Zoé)》가 1948년 12월에 햇빛을 보았다. 이들 원자로는 몇 가지 목적을 갖고 있었다. 우선 원자 에너지를 끌어내어 평화적 목적으로 유용하게 이용하는 것이었다(난방, 교통수단의 구동력 등). 그러나 이 분야에는 아직껏 거의 모든 것이 할 일로 남아 있었다. 다음에는 플루토늄을 얻는 것이었으며, 우라늄을 쓰는 원자로에서 형성되었다. 최초의 원자로의 목적은 바로 이것이었고, 플루토늄으로 우라늄 폭탄과 거의 같은 것을 만들 수가 있었다. 끝으로 여러 가지 인공방사성원소를 만들 수 있었고, 원자로가 작동하는 동안에 상당한 양을 만들 수 있었다.

해를 이어서 연구가 계속되었으며 불행하게도 군사적 목적으로 우선권을 빼앗겼다. 새로운 폭발들이 거의 비밀로 시행되었으며 원자력잠수함이 모습을 나타내었다. 새로운 폭탄이 발명되었으며, 더욱더 경이적인 세력을 갖는 수소폭탄이 그 예로 수소를 합성해서 헬륨을 만들 때 막대한 에너지가 방출된다는 원리에 기초를 두었다.

오늘날에는 세계의 거의 모든 곳에 여러 형식의 원자력센터가 생겨났다. 하나의 문제가 이렇게 화제에 오른 적이 없었다. 그러나 이 막대한 에너지의 평화적 이용은 아직도 해결하여야 할 점이 많으며, 일군의 연구자들의 정열적인 노력에도 인간은 아직도 수소폭탄의 에너지를 뜻대로 이용하는 방법을 알아내기엔 가야할 길이 멀다.

3. 무선전신의 발달

이 분야에서의 선구적인 시기는 1899년에 마르코니가 처음으로 원거리통신을 함으로써 끝났다. 이어서 사람들은 이 장치를 개량하는데 힘썼다. 1904년에 플레밍(John Ambrose Fleming, 1849~1945)은 전화를 검지하기 위해서 2극관을 사용했다. 다음에 1907년에는 미국의 리 디포리스트(Lee de Forest, 1873~1961)가 그리드를 삽입함으로써 **3극관**을 발명했다. 이 3극관의 출현은 놀라운 발전의 계기가 되었으며, 세 가지 중요한 동작—매우 규칙적인 전기진동을 계속해서 일으키는 것(발진), 전파의 검출(수신) 및 증폭—이 가능해졌다. 1914~1918년의 전쟁 동안 페리에(Gustave Auguste Ferrié, 1868~1932) 장군은 프랑스에서 송신을 완벽하게 한다는 특수임무를 지휘했다. 그리하여 검파기의 감도를 개량하고, 변조파(전신 대신에 전화)의 사용을 채택하고 견고하고 덜 거추장스러운 장치를 제작했다. 같은 시기에 정확한 진공관에 필요한 진공기술이 독일의 개데(Gaede, 1915)와 미국의 랭뮤어(Langmuir, 1916)에 의한 특수한 펌프의 발명으로 진전되었다. 평화가 회복되고, 정기적인 라디오방송이 시작되었다(1920). 프랑스 최초의 방송국인 에펠탑의 것은 1921년에 기능을 시작했다. 훨씬 후, 트랜지스터의 발명(1948)으로 이 분야에서 현저한 발전이 이루어졌다.

이때 사람들은 긴 파장만이 멀리 갈 수 있다고 생각했다. 따라서 공식발신은 일반적으로 수킬로미터이상 파장에서 실시되었으며 200m 이하의 파장은 아마추어 무선가에게 일임했다. 그러나 간단하고도 세력이 약한 장치로 이런 전파로도 상당히 먼 거리의 통신이 예기치 않게 실현되었다. 영국의 애플턴(Edward Victor Appleton, 1892~1965)이 높은 대기층에 전기전도성이 있는 이온층의 존재를 밝힘으로써 이 현상을 설명했다(1922). 그의 연구로 이온층이 특히 단파장의 송신기능을 높인다는 것이 알려졌다. 이때부터 단파가 점차 보급되었으며, 이런 이유와 함께 또 다른 이론적인 이유 때문에 오늘날에 킬로미터파가 거의 없어졌다.

4. 초음파에서 레이더까지

훨씬 전부터 사람들은 음향진동과 유사하나 진동수가 너무 커서 우리 귀로 들을 수 없는 초음파를 알고 있었다. 이것의 실제적인 응용을 도모하기 시작한 것은 겨우 20세기 초부터이다. 《**타이타닉**(Titanic)》호의 큰 불행이 있은 다음 초음파를 써서 장애물을 탐지하자는 제안이 나왔다. 원리는 다음과 같다. 즉 선박에 장치한 발진기에서 나온 초음파가 우발적인 장애물에서 반사해 선박에 되돌아와서 수신기에 포착되게 한다는 것이었다. 이 연구는 1914~1918년, 1차 세계대전 동안 강화되었다. 기어코 랑주뱅(Paul Langevin, 1872~1946)이 훌륭한 검출기를 제작했다. 피에조전기에 기초를 둔 조작하기 쉽고 상당히 정밀한 것이었다. 이 장치는 전쟁 말기에 특히 대잠수용으로 사용되었으며 그 후에도 계속되었다. 다음에는 레이더가 그런 일을 하게 되었다.

사실 사람들은 동작범위가 좁은 초음파를 고주파의 헤르츠파로 바꾸려는 생각을 갖고 있었다. 그러나 실현하기에는 커다란 곤란에 봉착했다. 특히 이 파동의 속도가 너무나 빠르기 때문이었다. 150㎞ 떨어진 장애물을 감지하기 위한 신호가 왕복하는데 1,000분의 1초를 요했다. 오랜 연구를 해야 했으며, 조직된 공동연구로서만 성공할 수 있었다. 영국이 다른 나라들보다 훨씬 앞섰으며, 1935년부터 그들의 장치를 개량해 와서 얼마 안가 그들의 섬나라가 수평선을 탐색하는 레이더망으로 둘러싸이게 되었다. 1940년에 독일의 공습을 받았을 때 이 감지조직이 훌륭하게 기능을 발휘하여 독일 항공기가 도착하기 훨씬 이전에 위험을 예고하여 영국 측은 필요한 조치를 취할 충분한 시간을 가질 수 있었다. 따라서 영국은 일군의 기술자들의 업적으로 구출되었다고도 말할 수 있다. 미국도 늦추지 않고 연구를 시작하여 많은 개량을 할 수 있었다. 그들의 폭격기와 전투기는 지상 레이더에 의해서 유도되었으며, 이어서 항공기에 항공 레이더를 적재하여 조종을 훨씬 쉽게 할 수 있었다. 따라서 최근의 이 발명은 연합군의 가장 중요한 비밀무기 중 하나가 되었다.

평화가 회복되어 레이더를 평화적인 목적으로 사용하기 시작했다. 이 분야에는 해야 할 일이 많이 남아 있었다. 그중에서 전자기파를 달로 보내서 그의 반향을 2.5초 후에 받을 수 있었다는 것을 간단하게 지적하자.

5. 저온기술

까이유떼가 1877년에 구상한 단열팽창의 방법이 완성되어 극저온을 실현하고 조작할 수 있었다.

독일의 린데(Karl von Linde, 1842~1934)는 1896년부터 공업적으로 액체공기를 만드는 방법에 착수했다. 이어서 프랑스의 조르주 끌로드(Georges Claude, 1870~1960)가 이것을 개량했다.

이론적인 관점에서는 네덜란드의 레이던(Leiden)에 저온연구소가 설치되어, 네덜란드의 카멜링 오네스(Heike Kamerlingh Onnes, 1853~1956)가 지도했다. 일련의 계속적인 냉각조작으로 모든 기체를 액화하고 또 고체화할 수 있었다. 1926년에는 고체헬륨을 얻었다. 이리하여 272℃이하 절대온도로 1℃보다 낮게 할 수 있었다. 이 기술로는 더 낮게 하는 것이 불가능한 줄 알았다. 그러나 또 다른 구상을 갖게 되었다. 즉 앞서의 방법에 자기장을 갑작스럽게 감소시키는 방법을 병용하는 것이었다. 이 방법으로 네덜란드에서는 절대온도로 3/1,000까지 내려갈 수 있었다.

6. 20세기의 그 밖의 발명

여러 성취된 업적을 끝맺기 위해서 20세기의 몇 가지 발명을 급히 돌이켜 보기로 하자. 모든 것이 현대기술의 발달에 의지하면서, 특히 참을성 있고 면밀하게 착수하여야 하는 작업이었다. 그중 어느 것도 옛날과 같이 단 한사람의 고심의 결과는 아니었고, 때로는 무명인 여러 연구가들의 노력의 소산으로 탄생했다.

전자현미경을 예로 들자. 빛을 전자선으로 바꾸고 유리렌즈를 전기장 또는 자기장을 일으켜서 전자선을 편향시키는 장치로 바꾼 것이다. 그것의 분해능력은 보통 현미경보다 훨씬 높다. 이 장치는 1932년에 실현되었다. 루스카(Ruska), 크놀(Knoll), 크네히트(Knecht), 뵈르쉬(Boersch)에 의해서 여러 모델이 제안되었다. 이어서 인접된 분야의 양성자현미경이 발명되었다.

또 가이슬러의 옛 업적을 이어받은 형광등이 있다. 미국의 무어(Danil McFarlan Moore, 1869~1926)가 1904년에 처음으로 실용적인 관을 만들었다. 그 이래로 많은 여러 가지 모형이 제안되었으며, 오늘날에는 이 새로운 조명방식이 쉬지 않고 퍼져가고 있다. 광선, 점포, 지하철, 개인주택, 여기저기서 점점 더 이용되고 있다.

광전관은 헤르츠가 발견하고 아인슈타이인 설명을 붙인 광전효과를 직접 응용한 것이고, 여러 가지로 이용되고 있다. 즉 물체나 사람 수를 세는 것, 여러 장치(안전장치나 점화장치, 지하철의 에스컬레이터)의 발동, 광도의 측정(사진의 노출시간) 등이다.

텔레비전은 광전효과, 헤르츠파, 열전지효과 등의 여러 주요한 발전을 훌륭하게 종합한 것이다. 이 발명을 조금씩 개량한 무수한 학자 중에서 외젠느 벨랭(Eugéne Belin), 판즈워드(Farnsworth), 독일의 폰 아르데네(von Ardenne)와 특히 아이코노스코프를 발명함으로써 중요한 기여를 한 미국의 즈워킨(Vladimir Kosma Zworkin, 1888~1982)을 지적하고 싶다. 이어서 컬러 텔레비전이 빛을 보게 되었고, 여러 가지 방식이 세계 시장에서 경합했다. 앙리 드 프랑스(Henri de France)에 의한 프랑스 방식인 S.E.C.A.M.은 1956년부터 특허를 얻어 프랑스와 몇몇 나라에서 1966년에 채택되었고, 다른 나라에서는 발터 브루후(Walter Bruch)에 의한 독일 방식인 P.A.L.을 선정했다.

초고압기술은 미국의 타먼(Tamann)과 브리지먼(Percy Williams Bridgeman, 1882~1961, 1946년 노벨상 수상)이 개발했으며, 브리지먼은 40,000기압이 넘는 압력을 조작했다.

음극선로, 적외선사진…… 기술이 지배하는 이 한 세기 동안의 모든 발명의 역사를 더듬어보려면 책이 여러 권 필요한 것이다.

여러 발명이 훌륭하게 종합된 최근의 것으로는 러시아(구소련)과 미국의 인공위성 발사를 들 수 있다. 이 성공은 모든 분야에서 놀라운 기술의 힘을 엿보게 한다.

끝으로 전자공학의 마지막 발견인 **레이저**(Laser)를 주목하자. 비교적 간단한 장치로 인조루비를 섬광으로 자극해서 매우 가늘고 코히런트*인 한 줄기의 눈부신 광선을 낼 수 있는 것이다. 〈광펌핑〉이라는 이 전자현상의 메커니즘은 까슬레(Alfred Kastler, 1966년 노벨상 수상)가 분석했다. 레이저의 우월성은 방

* 편집자 주: 복수의 파도가 일정한 위상 관계를 가지고 있어 간섭이 가능한 상태

출광선의 순수성과 흩어짐 없는 전파성* 및 막대한 세기를 동시에 얻는 데 있다. 레이저는 오늘날 전 세계의 연구소에서 연구되고 있으며, 그 완벽한 조준성 때문에 매우 넓은 분야에서 큰 역할을 할 수 있을 것으로 기대한다. 지면탐사나 월면탐사, 텔레비전, 선박 또는 로켓의 유도, 생물학, 의학, 공업 등 여러 가지 군사목적(표적조준)말고도 많이 있다.

Ⅲ. 우주선

이 장을 끝맺기 위해서 한 분야를 언급하기로 하자.

20세기의 학자들이 마치 3세기 이전의 선구자들처럼 미지의 세계에 돌진하게 된, 아마도 단 하나의 분야일 것이다.

1900년에 윌슨(Charles Wilson, 1869~1959)은 우리 주변의 공기가 항상 약간씩 이온화되어 있는 것을 밝혔다. 즉 공기 분자 중의 얼마만큼이 이온으로 되어 있는 것이다. 이것은 상당히 놀라운 일이었다. 이 전리작용은 오랜 시간 후에 없어져야 하는 것이었다. 그것이 그대로라면, 항상 전리작용이 유지되는 어떤 원인이 있어야했다. 이런 원인에 대해서 학자들은 단서가 되는 아무런 의견도 갖지 못했다.

문제의 원인이 대지의 방사능 때문이 아닌가하고 생각했다. 그러나 1909년에 스위스의 고켈(Gockel)은 4,000m의 고도에서도 전리작용이 아직도 남아 있는 것을 알았다. 오스트리아의

---

* 1962년, 달 표면에 보낸 이 광선이 지름 100m 정도의 부분을 때렸을 뿐이며, 전자기파로 했던 이전의 실험에 비하면 엄청난 진보를 거둔 것이다.

헤스(Hess)는 더 높이 올라가서도 더 센 것을 발견했다. 1913년에 콜호르스터(Kolhorster)는 기구로 9,000m에 올라가서 지상의 10배가 되는 전리작용이 남아 있는 것을 발견했다. 따라서 전리작용의 원인이 대지의 방사능뿐만이 아니라 다른 방사선이 지구에 날아오는 것이 또 있으며, 대기를 통과할 때에 약화되고 있다는 것을 의심할 여지가 없었다. 어디서 온 것일까? 무엇으로 구성되어 있을까? 전혀 알 수 없었다.

이리하여 일련의 장기적인 측정이 시작되었다. 이 신비에 싸인 방사선을 더 잘 이해하기 위해서 지구상의 모든 지점에서 그의 세기를 측정하기 위한 탐험이 시작되었다. 산꼭대기에* 관측소가 설치되었다. 탐색기구를 수십킬로미터 고도에 보내고 〔밀리컨, 레게너(Regener)〕 또 학자들 자신이 가능한 한 높이 장치를 갖고 올라갔다(피카르 형제, Piccard), 수중 깊은 곳과 암염광산 속에서 측정하기도 했다. 곳곳에서 우주선을 측정한 것이다.

이어서 기술 발달의 도움으로 우주선입자를 연구하고, 그것을 감정했다. 이 목적으로 특히 안개상자를 이용했다. 1912년에 윌슨이 발명한 교묘한 장치이며 하전입자 자체는 아니지만, 적어도 현미경으로 볼 수 있는 가늘게 뻗친 그들의 물질화한 비적(飛迹)을 볼 수 있게 한 것이다. 이리하여 전자, 양성자를 발견했다. 미국의 앤더슨은 1933년에 디랙이 예언했던 양전자를 발견했고, 이어서 유가와가 예견한 중간자를 발견했다. 그밖에 가이거(Hans Geiger, 1882~1945)가 1919년에 발명한 특수한 계수관으로 그들 입자의 수를 셀 수 있었고, 단독입자의 통로를

* 융프라우에는 콜호르스터, 피레네와 알프스에는 르프랭스 랭게

가려낼 수 있었다. 1928년에 스코벨진(Skobelzyn)은 우주선샤워의 존재를 밝혔으며, 특히 영국의 블래킷(Patrich Blackett, 1948년 노벨상 수상)과 프랑스의 오제(Auger)가 연구했다.

우주선입자는 상당한 에너지를 지니고 있기 때문에 그들이 충돌한 원자핵을 산산조각을 낸다는 것을 알았다. 1942년에 소련의 물리학자 이다노프(Idanoff)는 특수한 사진건판의 유제 속에서 그러한 성질의 현상을 나타내는 〈스타(étoile)〉를 발견했다. 갖가지 모양의 스타들은 핵에서 튕겨 나온 양성자나 α입자의 비적을 나타내었다. 1947년에 르프랭스 랭게(Leprince-Rignuet, 1901~2000)는 〈세계에서 가장 아름다운 스타〉를 얻었다. 34개의 가지가 있었으며, 우주선입자로 얻어맞은 은의 핵이 거의 완전하게 산산 조각난 것을 가리켰다.

마침내 우주선입자가 대기층을 통과하는 도중에 여러 변환을 일으키는 것으로 생각하기 시작했다. 특히 우주선의 양성자가 높은 대기층의 분자와 심하게 충돌할 때 중간자가 생긴다는 것을 알았다. 얼마 안가 사람들은 실험실에서 유사한 충돌을 일으켜서 중간자를 만드는 것을 의도했다. 미국인들은 매우 강력한 장치를 써서 그렇게 할 수 있을 것으로 생각했으나(1947), 건판 위에서 기대하던 중간자의 아무런 흔적을 찾지 못하여 그들의 기대는 어긋나버렸다. 충분히 센 장치를 갖지 않은 고참의 유럽은 그런 시도를 하지 않았다. 중간자 연구의 전문가인 파웰(Cecil Frank Powell, 1903~1969)과 브리스틀의 물리학자들은 우주선 연구 목적의 특수한 사진건판을 써서 우주선의 중간자를 조사하는 데 전념했으며, 특히 질량이 다양한 몇 가지 종류의 중간자의 존재를 밝혀냈다. 그런데 1948년에는 브리스틀

학파에서 23세의 브라질의 젊은 라떼스(César Lattés)는 미국에 건너가서 미국인들의 거대한 사이클로트론을 조사해 보고, 그 장치를 매우 자부하고 있는 그들이 사진건판에는 전혀 공을 들이지 않고, 특히 그것을 더욱더 발달시키려 하지 않는다는 것을 알았다. 그는 자기의 고유한 건판으로 시도하여 보았다. 이런 영국의 사진기술과 미국의 공업기술의 결합이 성공을 가져왔다. 라떼스는 그의 건판 위에서 중간자의 많은 비적을 관찰했다. 이리하여 중간자의 합성이 명백하게 되었다.

우주선의 연구는 지속적으로 성공을 거두었다. 거기에는 또 다른 종류의 중간자가 발견되었다. 여러 로켓과 인공위성에 기록장치를 적재해서 높은 고도로 보냄으로써 이 분야에서의 새로운 진보를 기할 수 있게 될 것이다.

어떻든 우주선에 관해서는 해결하여야 할 중대한 문제가 남아 있다. 즉 그의 기원에 관한 것으로, 이 문제에서는 아직도 가설의 단계에 있다.

결론

우리는 이제 갈릴레오 이래 얼마나 발달했는가! 연구의 방법에 있어서도 얼마나 변했는가! 하위헌스, 뉴턴, 앙페르, 맥스웰 등 그처럼 위대한 이름을 빛나게 한 개인의 노력의 시대는 끝났다. 오늘날에는 공동연구가 절대로 필요하게 되었다. 우연한 방법으로 비상한 발견을 할 수 있는 시대는 이미 지나갔다. 지금은 정교한 장치를 설치하고, 첨단과학기술의 모든 수단을 이용한 엄청난 실험실이 있어야 한다. 전문화의 요구가 끊임없이 증가해 간다. 17세기 때에는 파스칼 같은 이가 물리학은 물론 수학과 철학을 전진시킬 수 있었다. 19세기에 패러데이 같은 이는 다른 분야의 과학을 단념하여야 했으나 물리학에서는 상당히 다른 몇몇 분야에서 두각을 나타낼 수 있었다. 오늘날에는 연구자가 매우 제한된 유일한 분야에서 고립하고 있는 것이 보통이다.

그뿐만 아니라 물리학의 개념 자체가 바뀌었다. 그리스 사람들에게는 형이상학이 지배적이었다. 아무런 실험적인 개념도 고려하지 않고, 광대한 이론의 토대를 세우기 위해서 지나치게 상상을 해야만 했다. 17세기에 와서 실험이 우세하게 되었다. 그밖에 여러 현상을 단순한 수학법칙으로 표현하는 노력으로 절대적인 진리를 확정적으로 설명할 수 있게 되었다. 그러나 오늘날의 학자에게는 아무것도 결정적이지 않다. 법칙은 일시적이며 다소간에 근사적일 뿐이고, 통계적인 뜻을 가질 뿐이다. 법칙은 복잡하고도 대개의 경우 미지인 극미세계의 현상의 총

체적인 결과이며, 거기에서의 일들은 우리가 거시적 척도에서 생각할 수 있는 모든 것과는 판이한 방법으로 행해지고 있는 듯하다.

이렇게 물리학은 전진한다. 그의 실제적인 응용은 이미 여러 가지가 완성되고 아직도 발전하고 있다. 항상 더욱더 풍부해지는 그 이론은 자연현상을 끊임없이 새로운 관점에서 보게 한다.

그러나 요 몇 년 이래 물리학은 가장 단단하게 이루어 놓은 개념들을 전복할 만한 기본적인 발견을 못하고 있다. 20세기 초반기에 그토록 이룩한 것이 없는 것이다. 그러나 이에 반해서 기술적인 발명은 놀랄 만한 진보를 이룩하고 끈질기고 값비싼 노력의 대가가 있다. 사람들은 전 세계에 점점 더 강력한 입자가속기를 설치했다. 미국 사람들은 스탠퍼드(Standford)에, 러시아(구소련) 사람들은 세르푸호프(Serpoukhov)에, 유럽 사람들은 주네브(Genève, C.E.R.N.)에 건설했다. 이에 따라 입자검출기의 감도도 점점 높아지게 되었다. 모든 분야에서 끊임없이 발전하는 컴퓨터를 이용하고 있다. 새로운 인공위성을 쏘아 올려 우주공간을 탐색하고 우주인을 보내기도 한다. 이 모든 것으로 인간이 달 위에 첫발을 내디딜 수 있는 영광을 가져왔다(1969).

그러나 내일의 물리학에 어떤 발견, 어떤 뜻밖의 구상, 어떤 특수한 발명이 생겨날지 누가 알겠는가?

역자 후기

오늘날을 과학기술의 시대라고 한다. 그리고 우리는 그것이 뒤떨어졌다고 여러 단계의 차원으로 따라잡기 위한 노력을 하고 있다. 물론 과학기술의 질과 가치에 대한 해석이 달라지고, 달랑베르가 말하는, 소위 썰물과 같은 주름살로, 이제까지와 같이 대처할 수는 없다 하더라도 앞선 과학기술의 터득으로 나폴레옹이 말하는 소위 황금의 알을 얻는 지름길이라는 것도 사실이다.

이 지름길을 가려는 방법의 하나가 중·고등학교 수준에서의 알찬 물리 교육이다. 그러나 요즘 물리 과목이 중등교육에서 가장 인기 없고, 소외되고 있다는 쓸쓸한 작태는 어찌 된 일인가! 여기에는 몇 가지 이유를 들 수 있겠다. 우선은 우리의 주변에 물리와 같은 과목에 참된 관심을 끌게 하는 매개체가 드물기 때문인 것 같다. 그 매개체가 배양될 우리의 토양이 좀 이질적이기 때문인지도 모른다. 즉 튼튼한 뿌리가 뻗도록 비료가 필요한 것이다. 여러 성분의 시비가 가능할 것이다. 물리학의 내용을 계몽적으로 해설하는 것, 앞날을 예지시키는 것 등등.

그러나 또 하나의 방법을 생각할 수 있다. 인류공유의 유산으로서 학문을 인식하게 하는 것이다. 유산을 소중하게 여기기 위해서는, 이것이 오늘날과 같이 되기까지의 발자취를 더듬어 보아야 할 것이다. 하나의 예로서, 유클레이데스 기하학의 무미건조함이 호그벤의 『백만인을 위한 수학』 1권으로 얼마나 생생하게 변모하여 보였는가는 역자와 같은 세대가 아직도 간직하고 있는 깊은 인상이다. 우리가 물려받은 내용이 어느 때, 어떤 환경에서, 무슨 동기로, 누가 어떻게 노력하여 얻어졌으며, 또 후에 어떻게 가꾸어졌는가 하는 줄거리는 일거에 모든 것을 생기 있게 할 것이다. 긍지 있는 집안이 지속하기 위해서는 조상들의 노고가 길이 새롭게 인식되어야 한다는 것과 같다. 그것을 생물학자인 호그벤이 수학에 대해서 시도하였다.

역자는 평소에도, 중등 또는 대학의 교양과정 단계에서는, 과학의 각개 학문을 전습하는 데 있어서 그 학문의 역사의 줄거리가 요령 있게 가미되면 매우 효율적이라고 생각해왔다. 개인적인 감상 어린 옛 추억 때문만은 아니다. 실제로 30여 년 동안의 중·고·대학의 교직현장에서 즐거운 경험이 있기 때문이다. 이런 조용한 노력이 오늘의 떠들썩한 과학화 운동보다 더 알차지 않을까 하고도 생각한다. 다만 이때 두 가지 방법을 생각해야겠다. 하나는 학생들 스스로가 하는 것이고, 또 하나는 교사를 통해서 하는 것이다. 그러나 우리에게는 아무런 길잡이도 없는 실정이다. 이런저런 것이 이 책을 역출한 동기이다.

이 책은 《Que sais-je?》 문고의 하나인 Pierre GUAYDIER의 「Histoire de la physique(제4판, 1972)」를 전역한 것이다. 저자는 프랑스의 명문화 Ecole Nationale Supérieure 출신이고, 교사가 되기 위한 고등고시 Agrégation에도 합격하였고, 명문 공과대학 Ecole Centrale 교수이다. 내용은 물리학의 역사를 현재에 이르기까지 인물 중심으로 점철하고 있다. 지면의 제약으로 그렇게 한정하였으리라 본다. 고등학교 이상이면 쉽게 부담없이 독파될 것이다. 역자의 의도가 일부 실현되고 있는 셈이다.

끝으로 이 책이 나오게 된 동기는 성균관대 송 교수의 권유에 의한 것이었고, 전파과학사의 독려로 느린 작업이 끝맺게 되었다. 또 인명의 역출, 통일과 원고의 정리는 편집부의 도움을 받았다. 함께 감사하는 바이다. 다만 간결한 프랑스어 표현이 제대로 옮겨졌는지 두려울 뿐이다.

애기능 연구실에서

노봉환

물리학사

초판 1쇄 1994년 12월 10일
개정 1쇄 2019년 04월 29일

지은이 P. 게디에
옮긴이 노봉환
펴낸이 손영일
펴낸곳 전파과학사
주소 서울시 서대문구 증가로 18, 204호
등록 1956. 7. 23. 등록 제10-89호
전화 (02)333-8877(8855)
FAX (02)334-8092
홈페이지 www.s-wave.co.kr
E-mail chonpa2@hanmail.net
공식블로그 http://blog.naver.com/siencia

ISBN 978-89-7044-877-0 (03420)
파본은 구입처에서 교환해 드립니다.
정가는 커버에 표시되어 있습니다.

도서목록

현대과학신서

A1 일반상대론의 물리적 기초
A2 아인슈타인 I
A3 아인슈타인 II
A4 미지의 세계로의 여행
A5 천재의 정신병리
A6 자석 이야기
A7 러더퍼드와 원자의 본질
A9 중력
A10 중국과학의 사상
A11 재미있는 물리실험
A12 물리학이란 무엇인가
A13 불교와 자연과학
A14 대륙은 움직인다
A15 대륙은 살아있다
A16 창조 공학
A17 분자생물학 입문 I
A18 물
A19 재미있는 물리학 I
A20 재미있는 물리학 II
A21 우리가 처음은 아니다
A22 바이러스의 세계
A23 탐구학습 과학실험
A24 과학사의 뒷얘기 I
A25 과학사의 뒷얘기 II
A26 과학사의 뒷얘기 III
A27 과학사의 뒷얘기 IV
A28 공간의 역사
A29 물리학을 뒤흔든 30년
A30 별의 물리
A31 신소재 혁명
A32 현대과학의 기독교적 이해
A33 서양과학사
A34 생명의 뿌리
A35 물리학사
A36 자기개발법
A37 양자전자공학
A38 과학 재능의 교육
A39 마찰 이야기
A40 지질학, 지구사 그리고 인류
A41 레이저 이야기
A42 생명의 기원
A43 공기의 탐구
A44 바이오 센서
A45 동물의 사회행동
A46 아이작 뉴턴
A47 생물학사
A48 레이저와 홀러그러피
A49 처음 3분간
A50 종교와 과학
A51 물리철학
A52 화학과 범죄
A53 수학의 약점
A54 생명이란 무엇인가
A55 양자역학의 세계상
A56 일본인과 근대과학
A57 호르몬
A58 생활 속의 화학
A59 셈과 사람과 컴퓨터
A60 우리가 먹는 화학물질
A61 물리법칙의 특성
A62 진화
A63 아시모프의 천문학 입문
A64 잃어버린 장
A65 별· 은하 우주

도서목록

BLUE BACKS

1. 광합성의 세계
2. 원자핵의 세계
3. 맥스웰의 도깨비
4. 원소란 무엇인가
5. 4차원의 세계
6. 우주란 무엇인가
7. 지구란 무엇인가
8. 새로운 생물학(품절)
9. 마이컴의 제작법(절판)
10. 과학사의 새로운 관점
11. 생명의 물리학(품절)
12. 인류가 나타난 날 I(품절)
13. 인류가 나타난 날 II(품절)
14. 잠이란 무엇인가
15. 양자역학의 세계
16. 생명합성에의 길(품절)
17. 상대론적 우주론
18. 신체의 소사전
19. 생명의 탄생(품절)
20. 인간 영양학(절판)
21. 식물의 병(절판)
22. 물성물리학의 세계
23. 물리학의 재발견〈상〉
24. 생명을 만드는 물질
25. 물이란 무엇인가(품절)
26. 촉매란 무엇인가(품절)
27. 기계의 재발견
28. 공간학에의 초대(품절)
29. 행성과 생명(품절)
30. 구급의학 입문(절판)
31. 물리학의 재발견〈하〉(품절)
32. 열 번째 행성
33. 수의 장난감상자
34. 전파기술에의 초대
35. 유전독물
36. 인터페론이란 무엇인가
37. 쿼크
38. 전파기술입문
39. 유전자에 관한 50가지 기초지식
40. 4차원 문답
41. 과학적 트레이닝(절판)
42. 소립자론의 세계
43. 쉬운 역학 교실(품절)
44. 전자기파란 무엇인가
45. 초광속입자 타키온
46. 파인 세라믹스
47. 아인슈타인의 생애
48. 식물의 섹스
49. 바이오 테크놀러지
50. 새로운 화학
51. 나는 전자이다
52. 분자생물학 입문
53. 유전자가 말하는 생명의 모습
54. 분체의 과학(품절)
55. 섹스 사이언스
56. 교실에서 못 배우는 식물이야기(품절)
57. 화학이 좋아지는 책
58. 유기화학이 좋아지는 책
59. 노화는 왜 일어나는가
60. 리더십의 과학(절판)
61. DNA학 입문
62. 아몰퍼스
63. 안테나의 과학
64. 방정식의 이해와 해법
65. 단백질이란 무엇인가
66. 자석의 ABC
67. 물리학의 ABC
68. 천체관측 가이드(품절)
69. 노벨상으로 말하는 20세기 물리학
70. 지능이란 무엇인가
71. 과학자와 기독교(품절)
72. 알기 쉬운 양자론
73. 전자기학의 ABC
74. 세포의 사회(품절)
75. 산수 100가지 난문·기문
76. 반물질의 세계(품절)
77. 생체막이란 무엇인가(품절)
78. 빛으로 말하는 현대물리학
79. 소사전·미생물의 수첩(품절)
80. 새로운 유기화학(품절)
81. 중성자 물리의 세계
82. 초고진공이 여는 세계
83. 프랑스 혁명과 수학자들
84. 초전도란 무엇인가
85. 괴담의 과학(품절)
86. 전파란 위험하지 않은가(품절)
87. 과학자는 왜 선취권을 노리는가?
88. 플라스마의 세계
89. 머리가 좋아지는 영양학
90. 수학 질문 상자

91. 컴퓨터 그래픽의 세계
92. 퍼스컴 통계학 입문
93. OS/2로의 초대
94. 분리의 과학
95. 바다 야채
96. 잃어버린 세계·과학의 여행
97. 식물 바이오 테크놀러지
98. 새로운 양자생물학(품절)
99. 꿈의 신소재·기능성 고분자
100. 바이오 테크놀러지 용어사전
101. Quick C 첫걸음
102. 지식공학 입문
103. 퍼스컴으로 즐기는 수학
104. PC통신 입문
105. RNA 이야기
106. 인공지능의 ABC
107. 진화론이 변하고 있다
108. 지구의 수호신·성층권 오존
109. MS-Window란 무엇인가
110. 오답으로부터 배운다
111. PC C언어 입문
112. 시간의 불가사의
113. 뇌사란 무엇인가?
114. 세라믹 센서
115. PC LAN은 무엇인가?
116. 생물물리의 최전선
117. 사람은 방사선에 왜 약한가?
118. 신기한 화학매직
119. 모터를 알기 쉽게 배운다
120. 상대론의 ABC
121. 수학기피증의 진찰실
122. 방사능을 생각한다
123. 조리요령의 과학
124. 앞을 내다보는 통계학
125. 원주율 π의 불가사의
126. 마취의 과학
127. 양자우주를 엿보다
128. 카오스와 프랙털
129. 뇌 100가지 새로운 지식
130. 만화수학 소사전
131. 화학사 상식을 다시보다
132. 17억 년 전의 원자로
133. 다리의 모든 것
134. 식물의 생명상
135. 수학 아직 이러한 것을 모른다
136. 우리 주변의 화학물질
137. 교실에서 가르쳐주지 않는 지구이야기
138. 죽음을 초월하는 마음의 과학
139. 화학 재치문답
140. 공룡은 어떤 생물이었나
141. 시세를 연구한다
142. 스트레스와 면역
143. 나는 효소이다
144. 이기적인 유전자란 무엇인가
145. 인재는 불량사원에서 찾아라
146. 기능성 식품의 경이
147. 바이오 식품의 경이
148. 몸 속의 원소 여행
149. 궁극의 가속기 SSC와 21세기 물리학
150. 지구환경의 참과 거짓
151. 중성미자 천문학
152. 제2의 지구란 있는가
153. 아이는 이처럼 지쳐 있다
154. 중국의학에서 본 병 아닌 병
155. 화학이 만든 놀라운 기능재료
156. 수학 퍼즐 랜드
157. PC로 도전하는 원주율
158. 대인 관계의 심리학
159. PC로 즐기는 물리 시뮬레이션
160. 대인관계의 심리학
161. 화학반응은 왜 일어나는가
162. 한방의 과학
163. 초능력과 기의 수수께끼에 도전한다
164. 과학·재미있는 질문 상자
165. 컴퓨터 바이러스
166. 산수 100가지 난문·기문 3
167. 속산 100의 테크닉
168. 에너지로 말하는 현대 물리학
169. 전철 안에서도 할 수 있는 정보처리
170. 슈퍼파워 효소의 경이
171. 화학 오답집
172. 태양전지를 익숙하게 다룬다
173. 무리수의 불가사의
174. 과일의 박물학
175. 응용초전도
176. 무한의 불가사의
177. 전기란 무엇인가
178. 0의 불가사의
179. 솔리톤이란 무엇인가?
180. 여자의 뇌·남자의 뇌
181. 심장병을 예방하자